Psychology in One Minute

一分钟心理学

壹心理◎著

图/曹雅妍

文/倪雅琪　张晓　汤旻

中国人民大学出版社
·北京·

剥开心理学的“洋葱皮”

我们都是『低头族』

告别简单粗暴的两性定位

不同，带来了偏见和孤独

用心理学，连接起自我与世界

写在前面的话

《一分钟心理学》的创意，来自壹心理产品经理李广全。2012年，微博上流行起信息图表，将信息可视化，这种新形式非常受用户欢迎。受到这一形式的启发，广全提出，心理学作为一个复杂的理论体系，只用文字描述不够直观，为什么不针对热门的话题和事件，每周制作一张信息图表解读当中的心理学元素，为用户提供一分钟就能学习到的心理学知识呢？

这个创意非常符合壹心理“通过有趣的方式传播实用心理学”的宗旨，所以马上就被付诸行动。心理学对于普通大众，就像一颗洋葱，包裹着鸡汤，包裹着伪科学，包裹着传闻。壹心

理就像剥洋葱的人，一层层剥开迷雾，越来越接近真相。心理学这颗洋葱，如果你愿意一层层剥开，可能会鼻酸、会流泪，但真实总会给你超越痛苦的安慰。

《一分钟心理学》以个体与世界的连接为线索来组织内容，共分五部分。第一部分是“心理地图”，通过科普心理学基本常识还原心理学的真相，如“被误解的心理咨询”、“精神分析指南”；第二部分是“触碰世界”，即运用心理学解读社会现象，如“我在看你，你却在看手机”、“奇妙的电梯礼仪”；第三部分为“寻求连接”，即用心理学来解读亲情、友情、爱情，如“喜欢和爱，究竟有什么区别？”、“我和我妈相爱相杀的一辈子”；第四部分为“失效的连接”，去认识那些“有病”症候群到底是怎么回事，如“抑郁症这只黑狗”、“自闭症者，孤独得像一颗星球”。第五部分是“有效的连接”，用心理学改变生活，如“来，一起干掉失眠！”、“你看到的外界，都是你内心的样子？”。我们希望，通过《一分钟心理学》，为读者展现一个全新的世界——原来我们的内心世界是这样的，原来我们是这样爱上另外一个人的，原来我们与别人如此不同……你会发现，有了心理学，世界变得更有意思了。

衷心感谢中国人民大学出版社将《一分钟心理学》集结出版，让这些内容以一种全新的方式与读者连接。

最后，特别感谢你，亲爱的读者。是你的支持，让壹心理成长为中国最大的心理学平台、心理学第一媒体。感谢你热爱心理学，从而使我们充满了不断努力的动力和热情。壹心理想对你说：

世界和我爱着你。

壹心理编辑部

2015年12月9日

第1部分
Part 01

心理地图
心理学常识科普

究竟什么才是心理学？通过科普基本的常识，来打破坊间流言，还原心理学的真实面貌。

第2部分 Part 02

触碰世界
社会心理学

社会中的种种现象无不透露出心理学的气息，用心理学的知识去体会，你会看得更清晰。

第3部分 Part 03

寻求连接
关系心理学

亲情、友情、爱情……一旦关涉到爱，就不再是对象的问题，而是能力的问题。可以说，爱是通往幸福之门，而心理学正是最好的钥匙。

第4部分 Part 04

失效的连接 “有病”症候群

与其说人人都有病，不如说许多“病症”是源于我们的不了解。
有些“病”，不能放弃治疗；有些“病”，仅仅只是不同。

第5部分 Part 05

有效的连接
用心理学改变生活

世界的模样，取决于你凝视它的目光。正确地运用心理学，我们终将迎来更好的生活。

第1部分

心理地图

心理学常识科普

究竟什么才是心理学？通过科普基本的常识，来打破坊间流言，还原心理学的真实面貌。

被误解的心理学

1. 你知道我在想什么吗?

~~不会读心的心理学人不是一个优秀的算命师~~

描述、解释、预测、控制人的行为是心理学工作的共同任务，其对象是某一特定人群。心理学不等于读心术或算命，心理学家也不能一眼就看穿你的内心世界。

2. 心理学家会催眠

催眠不是必备本领

弗洛伊德

催眠是早期心理治疗的法宝，弗洛伊德曾爱过它，后来因其局限性而放弃。现催眠在心理治疗领域仍有一席之地，但大多数心理学家的工作不涉及催眠，更倾向于实验或行为观察等更严谨的研究方法。

3. 心理学就是心理咨询

心理咨询只是心理学的一个应用分支

心理学所包含的研究领域甚为宽广，主要分为基础心理学和应用心理学两大领域。心理咨询师更多地暴露在大众的视野中，除了心理咨询师，心理学界还有很多“幕后工作者”。

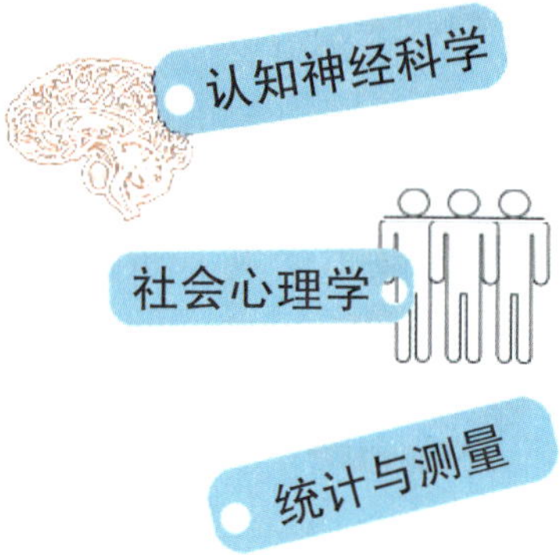

$$r = \frac{\sum XY - nXY}{n\sigma_x\sigma_y}$$

4. 心理学只研究变态

~~你以为学心理学的人就不是变态吗?~~

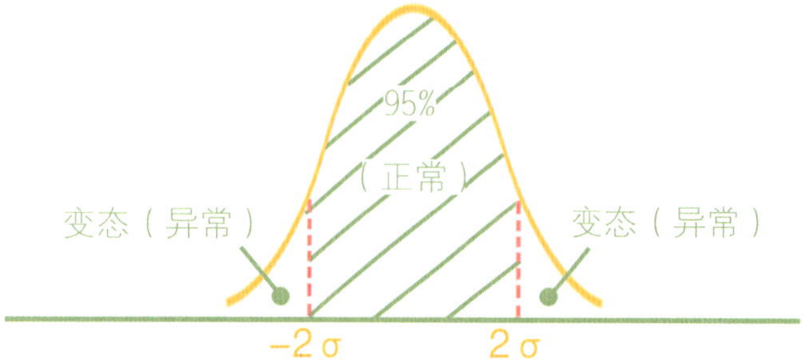

此图为判断正常与异常心理的统计学标准

在心理学范畴，变态指偏离正常人心理活动的心理和行为。而大多数心理学分支研究的对象是正常人的心理活动规律，心理失常与临床心理学和精神病学有关。

5. 心理学是伪科学

心理学是自然科学与社会科学的结合

冯特

两千多年前，古希腊的先哲们就开始讨论意识与灵魂，但直到1879年，冯特在德国莱比锡大学建立了世界上第一个心理学实验室，才标志着科学心理学的诞生。

研究方法：• 实验法 • 观察法 • 调查法 • 测验法 • 档案法

6. 心理学研究的是常识

（1）从基础学科到应用学科，人们从不同的视角对事物或现象进行研究。这些不同的视角是互补的，而非冲突的。

（2）所谓的常识大部分是由“经验”而来的，心理学研究可以对其验证或证伪。

结语

这是心理学崭露头角的时代，也是心理学被广泛误解的时代。人们前所未有地想要了解自己的内心、亲近他人的世界，并为“心理”二字所着迷。从某种意义上来说，对心理学的误解，也恰恰代表了对心理学的期待。

（文案：汤旻）

被误解的心理咨询

你以为心理咨询是……

心灵的不死仙丹——服下之后，悲伤、痛苦、失望、忧虑等都会被移除到心灵之外。

精神拐杖——无力行走的人，凭借拐杖，就可以重新迈步前行。

情绪的垃圾桶——任性地往里面倒入无穷无尽的负面情绪。

心灵鸡汤

加油站

指南针

告解室

……

1. 有病的人，才会去心理咨询？

其实心理咨询面向心理正常的群体

心理咨询的范畴之中，包括“一般心理问题”。悲伤与困苦是每个人生命当中不可回避的一部分，倘若在心中郁结，难以纾解，寻求心理咨询则是一种较好的选择。

据一项调查显示，在美国，有30%的人定期看心理咨询师，80%的人会不定期去心理诊所。

2. 心理咨询就是心理治疗?

臣妾做不到啊!

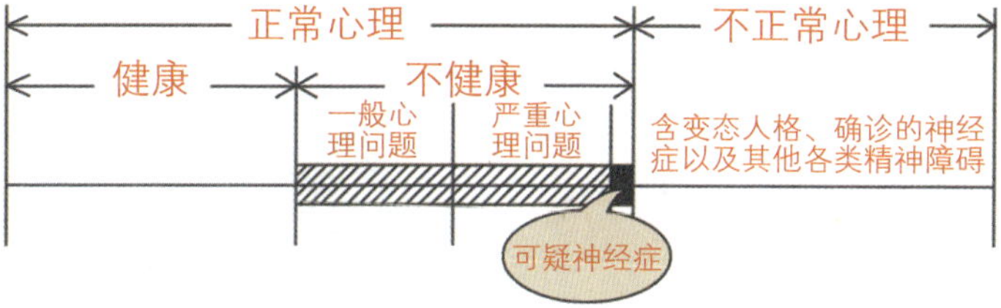

上面说到的，心理咨询面向心理正常的群体，而心理治疗则面向心理异常的各类精神障碍患者，后者牵涉到更多内在人格层面的问题，应对的情况也更为复杂。

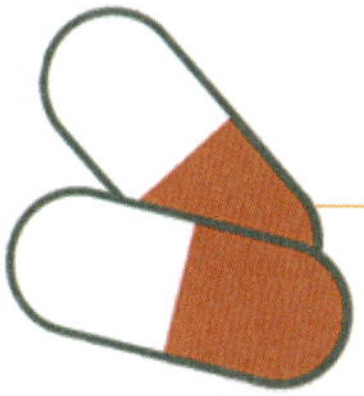

3. 想找人做心理咨询，就去医院?

~~医生：你这个病啊……~~

大部分人面对的是个人成长性的问题，比如情绪、沟通、婚恋困扰等，他们直接去心理机构进行咨询即可。

少部分人患有较为严重的心理疾病，这已经超出心理咨询的范畴，需要到医院去看心理医生，进行药物治疗。

心理咨询师并没有处方权。倘若初诊后发现来访者患有严重的精神性疾病，咨询师应当把来访者转介给有处方权的心理医生。

4. 心理咨询就是给出建议？

我读书少，你不要骗我！

心理咨询的基本原则是“助人自助”，咨询师不会直接给出建议，而是通过咨询让来访者看到自己的盲点和未被利用的资源，帮助他们一起探索，做出改变的决定。

5. 心理咨询就是谈话聊天？

~~难道不是每隔三句话应一个“嗯”么？~~

会谈只是一种形式，咨询师会更多地倾听，秉持“中立”原则，如一块白板，让来访者将自己的客体表象尽可能真实地投射于白板之上，从而“看见”盲点。

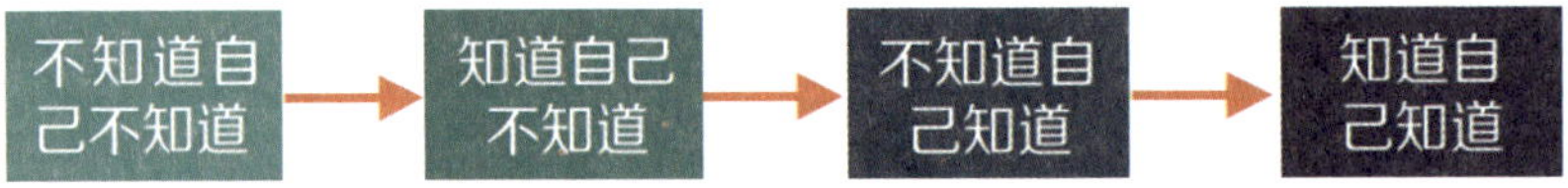

6. 心理咨询师更容易患上心理疾病吗?

其实他们有“心”技能

心理咨询师就是想太多了……

他们每天接触那么多负面信息……

心理咨询师有自己的督导老师（即心理咨询师的心理咨询师）来帮助他们处理情绪困扰。他们对自己有更多的觉察与了解，一旦心理出现警报，也会动用自己的心理资源，去尽快进行处理。

7. 找心理学专业的朋友为我做心理咨询

“你学心理学的？那能给我咨询一下么？”

心理学≠心理咨询

心理咨询只是心理学庞大学科体系下的一个小小分支。在咨询过程中要尽量避免双重关系，否则会违背咨询伦理，也影响疗效。

所以，心理学专业的朋友只能给你建议，而不能成为你的咨询师

8. 心理咨询是让自己变得更快乐?

~~做完咨询整个人都轻松了耶~~~

心理咨询旨在实现自我的成长与改变，让个体看见伤口，然后在咨询师的陪伴下一起缝合伤口，这个过程必然伴随着痛苦的蜕变。

所以，你现在了解到的心理咨询是……

镜子——让来访者看见自己真实的存在。

桥梁——将来访者带到更远的地方去。

人际关系场——借助关系，让疗愈发生。

结语

心理咨询是一副催化剂。你的心事被打开了，将会出现千万种可能性。别惧怕心事。找到正确的打开方式，那将会是很好的礼物。

（文案：倪雅琪）

精神分析指南

电影《泰坦尼克号》里有这样一幕：罗丝和那些上流社会的人一起进餐，船老板反复强调“泰坦尼克号”的巨大。

伊斯梅先生，你听说过弗洛伊德博士吗？他那有关男性极其重视尺寸的研究，你可能会有兴趣。

罗丝提及的弗洛伊德博士，当然不是指船上的某位乘客。这位博士全名为西格蒙德・弗洛伊德，是精神分析学派的创始人。

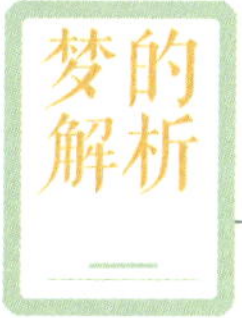

1900 年，《梦的解析》的出版标志着精神分析的正式诞生。

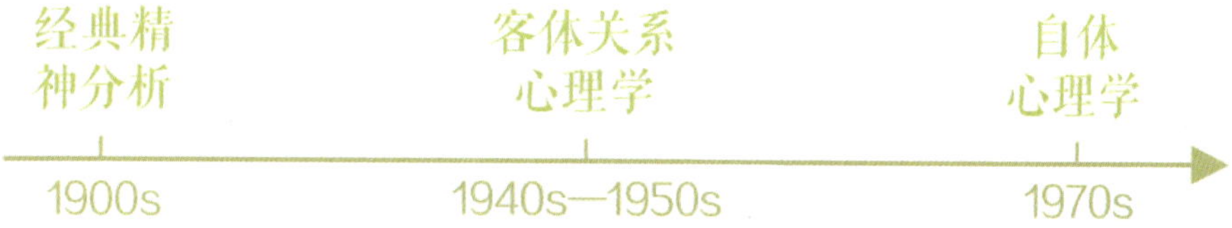

精神分析学派的发展史

平常所说的“精神分析”大多是指弗洛伊德所创立的经典精神分析。

1 精神分析·关键词

力比多 libido

即性驱力。

“性”≠生殖意义上的性，“性”＝一切身体器官的快感。

精神分析认为，力比多是一种本能，一种力量，是人的心理现象发生的驱动力。

愿力比多与你同在！

潜意识 subconsciousness

指人类心理活动中，不能被认识或尚未被认识的部分，约占心灵全貌的 90%。

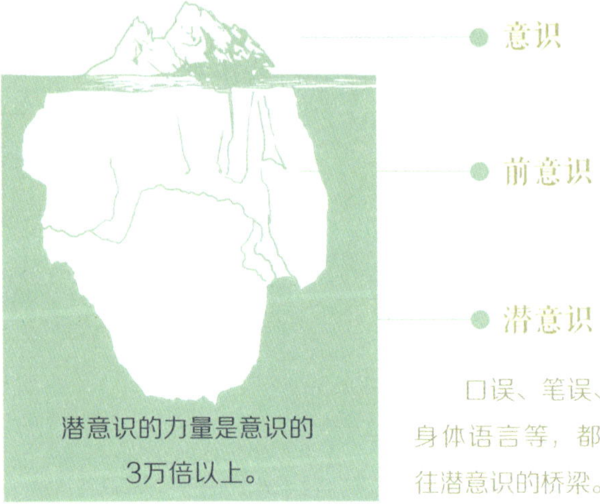

口误、笔误、梦、身体语言等，都是通往潜意识的桥梁。

没有所谓玩笑，所有的玩笑都有认真的成分。

——弗洛伊德

2 被误解的精神分析

精神分析将精虫视为人类前进的唯一动力？

NO!

- 心理发展的动力，包括性本能及自我保护的本能。
- 神经症正是起源于“自我”和“性”之间的矛盾。
- 晚年的弗洛伊德还提出“生本能”与“死本能”的概念。

精神分析一味纠缠于过去，不关注此时此刻？

NO!

强调童年经验，追溯过往重要事件。

↓

更好地理解现在。

“移情”（transference），恰是过去在此刻的呈现。

卡尔·罗杰斯

精神分析就是冷冰冰的分析？

笑眯眯的人本主义心理学之父罗杰斯，就是精神分析出身。

- 精神分析是一种态度，一种追求自由的态度，一种理解的态度。
- 倾听与理解是必备技能。

〈结语〉

你爱上了一匹野马，你的家里又怎能没有一片草原？精神分析就是那匹野马，请原谅它一生不羁爱自由。

这种自由，是内在世界的自由。

当我们重新审视精神分析的理论时，会发现其惊世骇俗的观点背后，实质上是对人性深深的敬畏与理解。精神分析有自身不够完善之处，但不可否认，它仍是关于人类心智的最好模型之一。

（文案：倪雅琪）

关于催眠的那些事儿

催眠，你从哪里来？

1774

奥地利的麦斯麦医生，以“动物磁力法”的心理暗示技术开创了催眠术治疗的先河。

用磁铁棒来诱导病人进入意识恍惚状态。

1841

英国医生布雷德出版了《神经催眠术》，他将心理暗示技术正式定名为“催眠”。

2 催眠看起来就像睡着了?

催眠不是睡眠

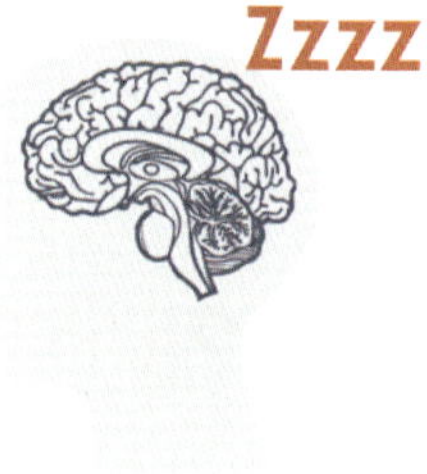

在催眠状态下脑电波为 8~13Hz，而在深度睡眠状态下脑电波为 0.4~4Hz，二者有生理上的区别。

在轻中度的催眠状态下，受术者的肌肉放松，头脑甚至比清醒时还要醒觉敏锐。

3 动物真的能被催眠吗?

其实这只是动物的一种生理反应，当它们感到自己的生命面临危险时，就会进入假死状态。

如何Get这种技能?

首先摸摸它的小脑袋。

之后将它翻转过来，使它四肢朝上，双耳分开。

最后这货就变成这样了!

傻大粗黑的人才会被催眠吗？

催眠与傻大粗黑无关。临床催眠实践证明，那些注意力集中、身体易于放松、感受性高、想象力丰富的人更容易进入催眠状态。

纳尼，为什么我不能被催眠？

面对同样的催眠师，受术者的敏感性也会大不相同。

为什么有些人不能被完全催眠?

6 岁以下的孩子，无法长时间集中注意力。

部分精神病性障碍患者，思维混乱，精力不够。

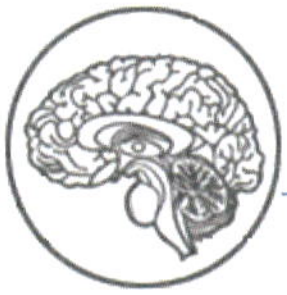

智力缺陷者（IQ < 70），无法理解催眠指导语。

本身极端抗拒催眠的人。

在催眠状态下，不可能说谎?

催眠不是一种需要说出真相的魔术。受术者并没有完全丧失个人意志，他们仍然可以说谎，谎言也未必能在催眠状态中被检测出来。

在催眠状态下，秘密无所遁形？

“你的支付宝密码是多少？”

“你是直男吗？”

“你有没有藏私房钱？”

在催眠状态下，受术者依然有很好的自我保护与自我控制能力，他们不会从事违背自己意愿的事情。试图通过催眠了解他人内心秘密的企图是不可能实现的。

“人桥术”是一种 hard 模式吗？

“人桥术”常见于舞台催眠秀。

几乎 80% 以上的受术者都能做得到。

只要受术者接受催眠师的暗示　　相信自己的身体变得僵直　　尽力去激发自己的潜能

如何科学且优雅地进入催眠的世界?

米尔顿·艾瑞克森，被誉为“现代医疗催眠之父”。他使催眠从“严肃学术殿堂中的‘跳梁小丑’”的角色中走出来，赢得它应有的地位。

了解他的相关著作，可以帮助你姿势更为优雅地进入催眠的世界。

结语

有一样东西，随风潜入夜，润物细无声。

它不是春夜的好雨，也不是冬夜的细雪，它是催眠。

催眠，就是让潜意识与意识之间互通声气，让自我展现出更多的面貌。

当然，你永远无法催眠一个不愿被催眠的人。唯有两情相悦，才能叩响隐秘的内心之门。

（文案：倪雅琪）

关于梦的那些事儿

一个没有得到释义的梦，就像一封未曾被启读过的信。

——古籍《塔木德》

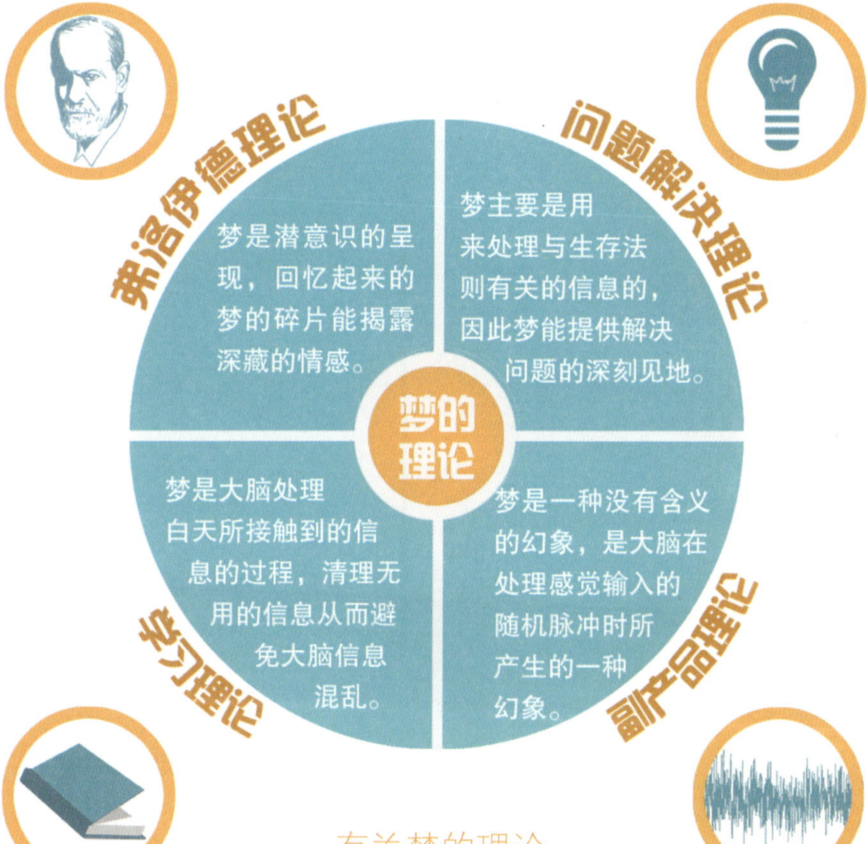

有关梦的理论

1 梦的事实

梦到底是彩色的还是黑白的?

更多的研究支持梦是彩色的。梦中的事物都是彩色的，只是我们没有意识到。经常与颜色打交道的人（画家、设计师等），对色彩很敏感，在梦中也会有意关注事物的颜色。

梦的男女差异

男性的梦中更多的是冒险、旅行、英雄等空想，女性多做购物、会友等与日常生活相关的梦。

2 梦的释义

Tips：以上是心理学家和睡眠研究者关于梦的研究结果。童鞋们切勿生搬硬套，只把它作为认识自我的参考即可。

结语

梦境浩渺无穷，像是江上清风，或是山间明月，邀你与潜意识共醉。

今夜你在思念谁？今夜你又梦见了谁？让我们一起去探寻内心，发现梦的世界。

（文案：汤旻）

全世界最大的骗子，是你的记忆

你的记忆完全可信？在信任你大脑的这一功能之前，不如先了解了解，关于记忆的七宗罪。

1. 传统性遗忘

记忆随时光溜走，遗忘一直都在发生。

（1）在记忆的过程中，很多信息已经丢失。

记忆三级加工模型

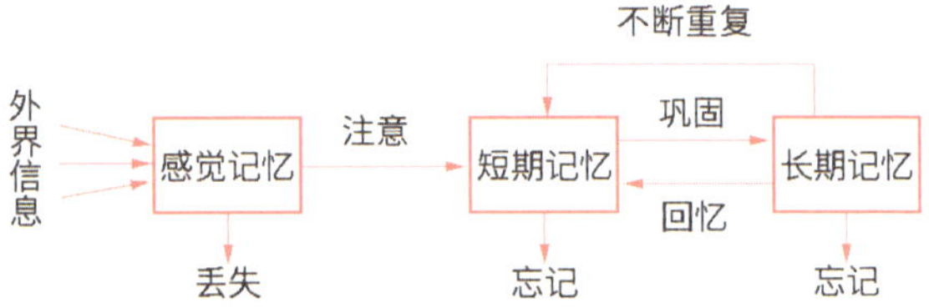

艾宾浩斯遗忘曲线

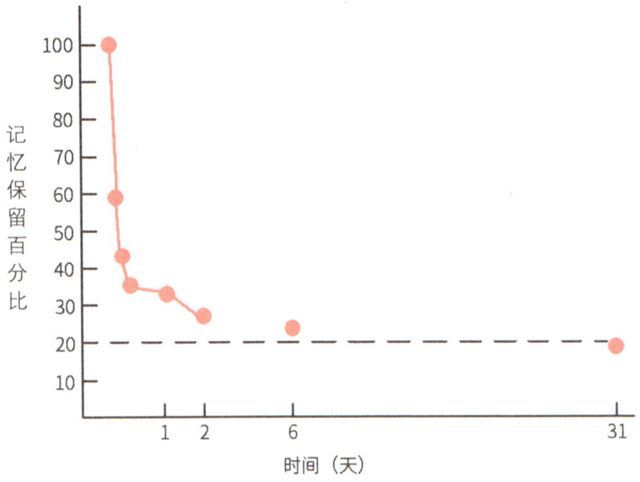

（2）艾宾浩斯遗忘曲线：最终你将记得所有入脑信息的 20% 左右，且时间越长，记忆越不连贯，越有“捏造记忆”的空间。

2. 走神性遗忘

为什么你会把行李落在车上?

(1)

注意力不集中的时候，

我们更容易忘记眼前的事。

(2)

当行动缺少记忆线索时，

我们有忘记未来计划干什么的倾向。

如何避免: 下载一个备忘录 App 吧

3. 屏蔽性遗忘

我打赌我知道，但是我又不知道……

我们更记得有画面感的名字而不是代号性的名字

譬如

我们必定记得锤哥

（画面感）

但不一定记得他叫索尔

（代号性）

当代号性的名字出现时，我们常常有种想说又说不出来的感觉。

4. 错构记忆

对童年的记忆很多时候是不可靠的。

记忆不是一个记录装置，更像是维基百科，你、我、他都可以为你的记忆编辑、更新。

加拿大的一项研究中，研究人员植入的错误记忆是被试小时候曾经被凶恶的动物攻击过。近一半的被试之后有了这样的错误记忆。

5. 选择性记忆

当下的状态影响你对过去的记忆：

当我们高兴时，我们记得更多过去高兴的事情。

当我们心情低落的时候，我们记得更多过去不好的事情。

球迷效应：由于偏爱，比赛双方的球迷对同一场球赛的记忆非常不同。

6. 张冠李戴似记忆

（1）当两样事物联系很紧密的时候，我们更容易发生再认混乱。

小测试

阅读下面每个词 1 秒钟

酸、蜂蜜、糖果、苏打、糖、巧克力、苦、心脏、好、蛋糕、牙齿、不错、饼干、米饭、粉、筷子

问题在本文最后

（2）随着时间的流逝，我们会遗忘记忆内容的来源。

7. 情绪性记忆闪回

当你越想忘记的时候，你记得越清楚。

闪光灯记忆：那些激起我们强烈情绪的事件，会让我们记得更清楚。

如恐怖袭击，如刻骨铭心的虐恋。

结语

现在你还相信自己的记忆么？

不过，记忆七宗罪也有它的好处，如它们可以让我们对危险更警觉，关注更有意义、更值得关注的事情，也让我们知道也许童年幸不幸福的感受与现在的心情有关。

第六宗罪的问题：“味道”“甜”“面条”“苦”，哪几个在题目中出现过？

（文案：张晓）

每种情绪都是人格分裂的心机婊

1. 情绪就是喜怒哀愁吗？

情绪是综合的个体体验，主要分为生理变化（如肾上腺素飙升）、表情（如瞳孔缩小）和情感体验（如害怕）。

所以，如果觉得胃紧或心悸，也有可能是情绪的生理反应。

2. 看见北极熊你是害怕还是不害怕？

外界的刺激与个体的情感体验不是一一对应的，对情形的认知评价起重要的中介作用。

情景一

你手无寸铁置身北极圈，一只饥饿的北极熊飞速朝你奔来。→ 感到威胁 → 害怕

情景二

《白熊咖啡厅》里的白熊 Sama 端着一杯摩卡优雅地走到你面前。→ 感到安全 → 不害怕

3. 基本的情绪有多少种?

情绪就像一个调色板。有基本情绪，也有复合情绪；有淡淡的忧伤，也有浓浓的悲痛。基本情绪一般有八种：恐惧、惊讶、悲伤、厌恶、愤怒、期待、快乐和信任。

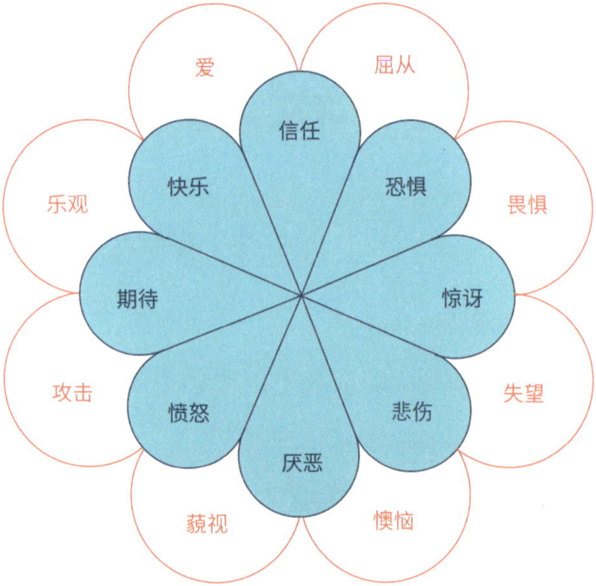

4. 每天都快乐，这句话能实现吗?

科学研究表明，每天都开心并不符合平常人的心境变化周期。一般来说，人的心情表现出 7 天一个周期起伏。

5. 眼皮"左跳欢喜，右跳伤悲"，确有其事么？

正！相！反！

我们的左脑加工积极情绪。（控制身体右侧）

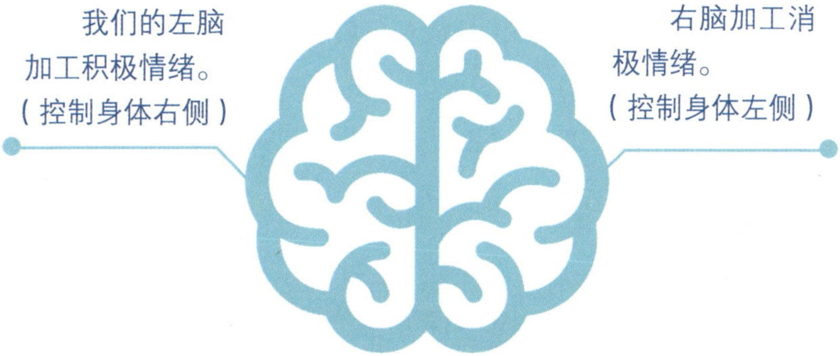

右脑加工消极情绪。（控制身体左侧）

而且通常痛并快乐着。

另有研究表明，很有可能你的右脚比左脚怕痒。
来，我们一起试试吧！

6. 那些负面的情绪，都有哪些功能?

厌恶 disgust

（1）厌恶会保护我们的自我边界。

（2）厌恶与娱乐有微妙的联系：比如你看见好友踩到一坨狗屎，就会觉得很有趣。

愤怒 anger

（1）愤怒通常在我们的目标实现受阻时产生，它帮助我们克服障碍，激励行为。

（2）愤怒会让我们排斥他人，不利于个体社会化。

害怕 fear

（1）这是祖先的力量。帮助我们保存生命，延续基因。

（2）帮助我们逃离危险，在危急关头有效防御。

悲伤 sadness

（1）促进反思，提供暂停功能，让我们修改目标和计划，促进顺从和接受。

（2）悲伤时的大脑通路与思考时的重叠，增强分析问题的准确性。

（3）唤起其他人的同情来支持我们。

快乐，并不总是起积极作用。比如在快乐的心境下我们可能会：

快乐 joy

（1）更容易被说服。

（2）买更多，吃更多。

（3）更迷信。

结语

情绪就像活在我们心中的孩子们，有时会调皮撒野，有时会乖巧听话。

情绪传递着内心不同的需求，有的被捧在手心，有的被藏在角落，等待着我们转身回头。

（文案：张晓）

失望是什么感觉？

1 失望是与非

失望，它总与美好（期望）相对，是当结果不符合好的预期时，出现的一种负面情绪。比如，希望是给小朋友一个气球，失望是当面把这个气球戳破。

它很常见，是人们在日常生活中**第三频繁**的负性情绪，前两位是焦虑与愤怒。

2 失望的大与小

失望的大小与下列两个因素分不开。

个人的意义

持续的时间

对个人的意义越大、持续的时间越长，失望越大。

3 失望的两重门

研究发现，失望有两种。

一种是结果导向的，
以个人成就为主。

另一种是人物导向的，
以人际交往为主。

4 失望的组成

失望由不同情绪复合而成，以悲伤、愤怒及对未来的希望为主。

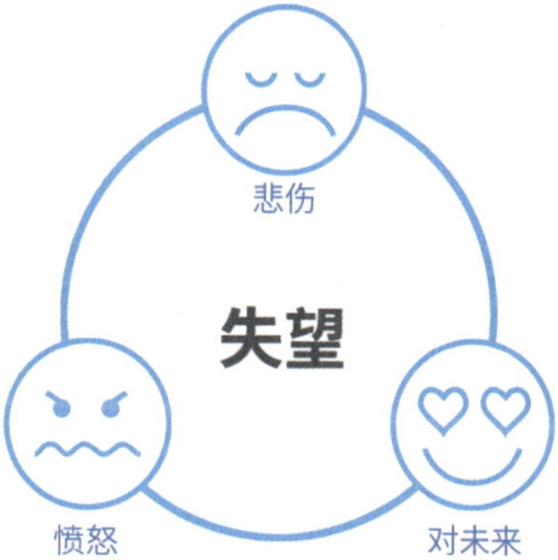

失望的冰与火之歌

研究表明

79% 的人在失望的时候感到悲伤，感受到无力、退缩。

67% 的人在失望的时候感到愤怒。

此外，还有 44% 的人在失望的同时感到愤怒与悲伤。

失望的你，是冰还是火?

具有以下特点的人在失望时更多体会到

愤怒

- 控制感较高的
- 理直气壮的
- 更关注成败的

具有以下特点的人在失望时更多体会到

悲伤

- 控制感较低的
- 隐忍体谅的
- 更关注以往的目标及信念的

5 为什么说，期望值越高失望就会越大?

（1）众望即“重”望

观察者效应（Observer Effect），被观察的事物会因为观察行为而受到一定程度或者很大程度的影响。而在压力情境下，这种影响常常是负面的。

（2）太计较反而得不到

动机强度与工作效率之间的关系呈倒 U 形曲线。动机不足或过分强烈，都会使工作效率下降。

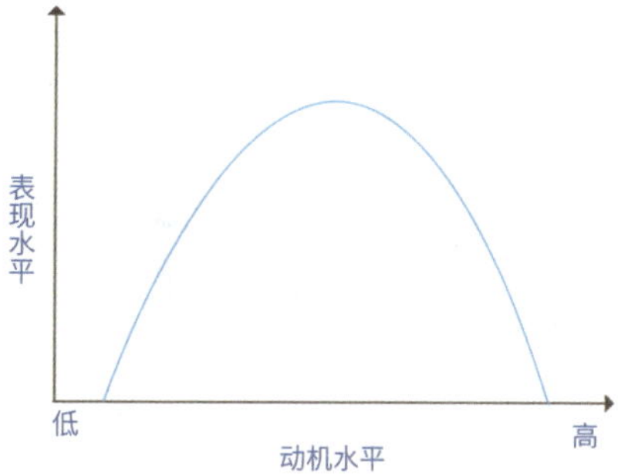

6 如何从失望感中爬出来？

承认自己的失望，认清期望与现实的差距。

持续保持希望，可以使人在失望后更快地恢复。

评估减少差距的可行性：要么重新振作，斩妖除魔；要么放下屠刀，立地成佛。

重新调整期望值。

结语

王尔德曾说：世间有两大悲剧，一个是想要而得不到；另一个是得到。每一种失望背后都是希望破碎的声音，然后迸发出火山里的熔岩，或是被深埋于心底。然而，这失望里到底蕴藏了什么，只有弄清了自己的内心动机才能认清，也能让我们爬出失望，向既定目标前进。

（文案：张晓）

再见了，“病入膏肓”的心理学

1. 掉进煤堆里的心理学

传统的病理性思维：

将心理学与消极负面的东西联系在一起。

大众的视野：

心理学 = 心理咨询 = 精神病理学 = 你有病

2B 好友的关心：

“你学心理学不会自己也有问题吧？”

文艺青年的总结：

“强迫症、抑郁症、路怒症、精神分裂症……

没有这些病症，心理学就是苍白的！”

毕业典礼上的宣言：

“我学心理我骄傲，精神病人思维广，弱智儿童欢乐多，耶！”

2. 单一视角下的“贫富差距”

学者对 1967 年—2000 年间的文献进行统计后发现：

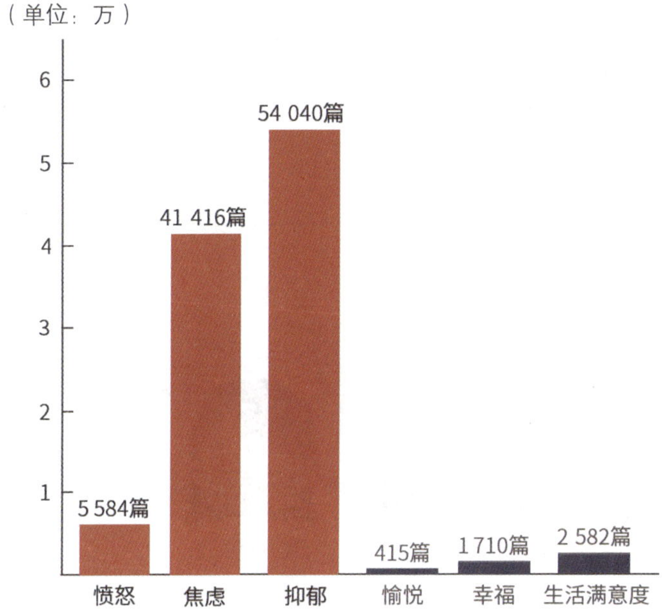

负面情绪 vs 正面情绪

21 : 1

心理学家的研究重点大多集中在负面情绪方面。

3. 换个角度，玩转心理学

积极心理学之父马丁·塞利格曼认为，心理学有三项使命。

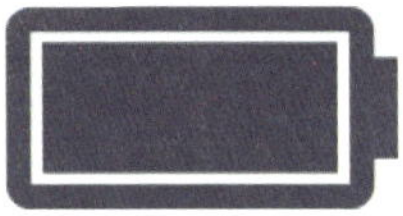

研究消极心理，消除或缓解心理疾病。

预防心理问题，让人们生活得充实有意义。

培育心理品质，鉴别和培养人才。

长久以来，人们将目光聚焦在第一点，而忽视了后两点的研究。

4. 来吧，直视骄阳！

积极心理学如一道骄阳，在阴影与阴影之间，劈出一条新路。

2000 年 1 月《积极心理学导论》的发表，

标志着积极心理学作为一个研究领域的形成。

心理学不再仅仅

对损伤、缺陷、伤害等进行修复及弥补，

也挖掘人类自身所拥有的潜能和力量。

包括：

积极体验

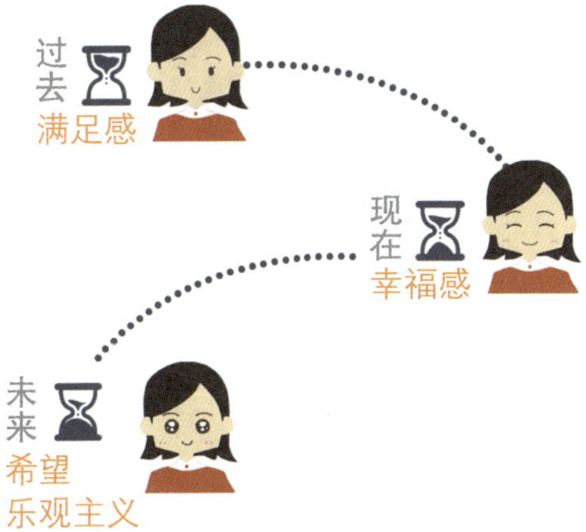

“拓展—建构”理论认为，个体看起来相对离散的积极情绪，有助于拓展个体在某一时刻的思想和行为能力。

积极人格特质

爱的能力、工作的能力、勇气、人际交往技巧、对美的感受力、创造力、毅力……

悲观型解释风格 **PK** **乐观型解释风格**

积极组织系统

“没有人是一座孤岛，
可以自全，
每个人都是大陆中的一片，
是整体的一部分。”

积极的组织系统，能够激发个体去看见自我的力量，并实现自我的价值。

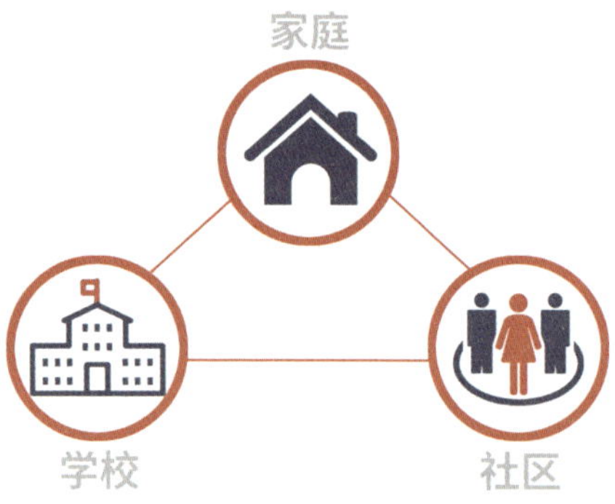

结语

长久以来，心理学都在泥地里打滚，它扶起陷落的人们，又为“病者”贴上膏药；它看见生命当中的缺陷，又一遍一遍地填补缺陷。

为什么我们有那么多的不快乐？为什么黑夜漫长，似乎永远不会过去？

这些问题盘旋在每个人的心中，构成了阴影的一部分。倘若不能拂落它们，就去亲近世界的另一面吧。那是阴影前面的太阳，是生命当中的另一个维度。

愿你能拥抱黑暗，也愿你能直视骄阳。

（文案：倪雅琪）

第 2 部分

触碰世界

社会心理学

社会中的种种现象无不透露出心理学的气息，用心理学的知识去体会，你会看得更清晰。

我在看你，你却在看手机

你，是一个不折不扣的“手机控”吗？

1.“手机控”数据大调查

数据篇

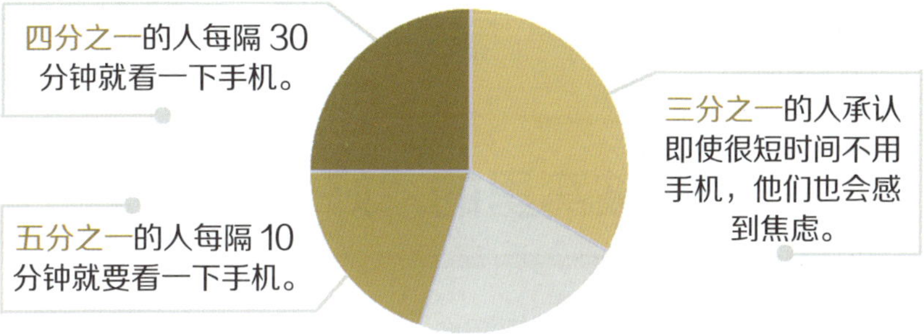

场合篇

内容篇

除去必要的交流之外……

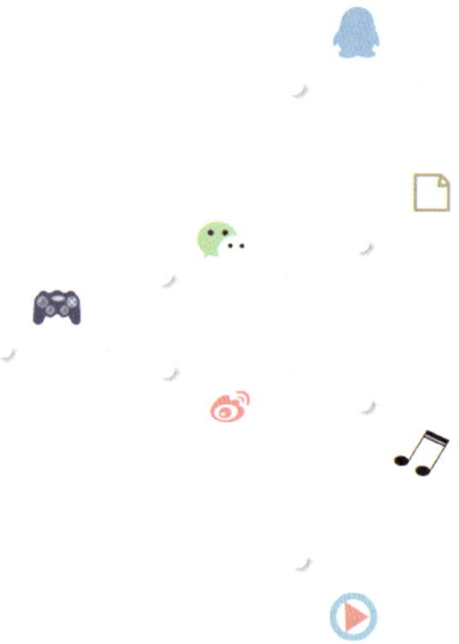

2. 被窝里的“好伴侣”

睡前，95% 的人习惯使用移动设备，智能手机则尤其受欢迎。90% 年龄在 18~29 岁之间的人们会跟手机一起睡觉。

三分之一的智能手机用户宁愿为手机放弃性生活，设备就是他们的伴侣。

25% 的人不会将手机静音。10% 的人表示一周内，有几次被手机从睡梦中吵醒。

一半的人表示，如果在夜里无缘无故地醒来，他们就会玩手机。

事实上，睡前玩手机会严重影响我们的睡眠质量以及生活。对着电子显示屏两个小时，就会抑制褪黑素的产生，而褪黑素是有助于人们睡眠的。睡前过度使用手机，不仅影响睡眠，也可能会造成压力的增大和抑郁情绪的产生。

3. 聚会中的气氛杀手

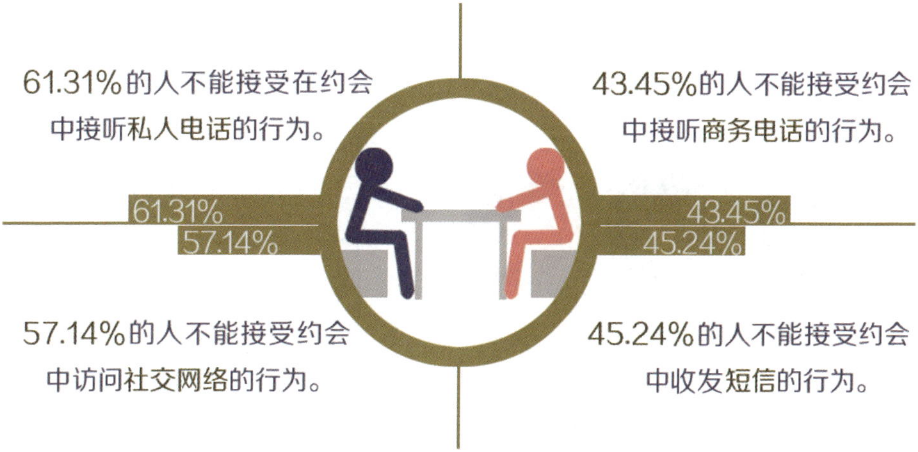

结语

有多少人习得了飞蛾的属性，只在乎那明晃晃的一屏之光？我们在虚拟的网络交友，在吃饭的时候拍照，拥抱时还在看手机……

有句话说“梦里出现的人，醒来就该去见他”，这样的生活会不会更有诗意？

（文案：汤旻）

奇妙的电梯礼仪

1. 进去的人都要“仰望星空”

每个人都需要一个能够掌控的自我空间，这个空间如同一个无形的“气泡”，为人们划分了一定的“私人区域”。

两个陌生人之间的接触，就像是两只气泡从分离慢慢走向交融。

图 解	人际关系状态	相互作用水平
	零接触	低
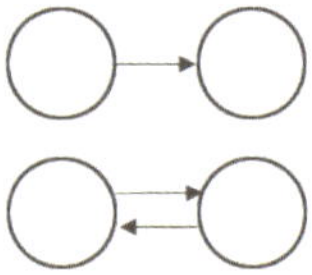	单向注意 双向注意	
	表面接触	
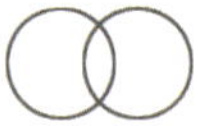	轻度卷入	
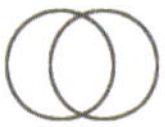	中度卷入	
	深度卷入	高

电梯破坏了这种规则，它将一群陌生人硬生生地塞进同一只黑匣子里。

逼仄、狭窄、封闭……

当物理空间被无限度地缩小时，
彼此间的关系却并未达到同等程度的亲密水平。

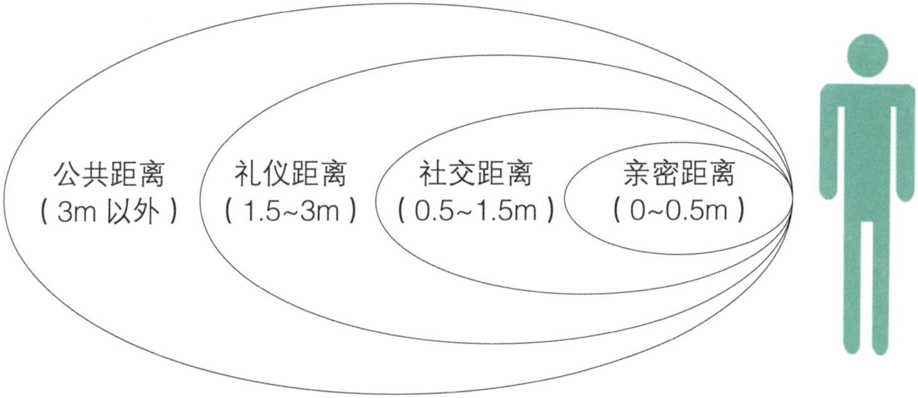

为了对抗焦虑，人们产生防御式的反应

抱胸、抬头、不说话……

2. 角落是最安全的位置！

美国北卡罗来纳州立大学的李・格雷博士发现，当人们进入电梯之后，会出现近乎本能的排位意识，与他人最大限度地保持距离。

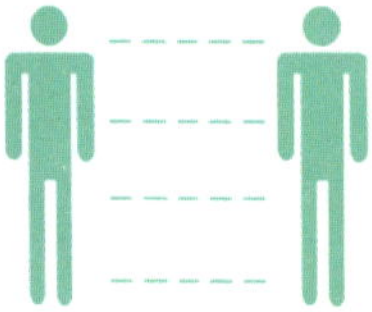

随着电梯越来越拥挤，这种排位的趋势越来越像骰点图。

一个人

随意站在任何位置。

两个人

会占据不同的角落，以保持最大的距离。

三个人

下意识地站在三个角落里，形成一个三角形。

四个人

割据四方，形成一个四边形。

五个人

必有一人在夹缝中拓展空间。

六个人

各自贴着两边的角落站立。

每当走进一个新乘客，人们就挪动脚步，重新排位，就像一双看不见的手在高处重新掷了一次骰子。

3. 永远不要做最特别的一个

电梯是孵化从众行为最好的温床。

在电梯实验中，不知情的被试走入电梯，他会受到群体压力的影响，依循其他人的行为，做出相似的反应。

实验反复进行……

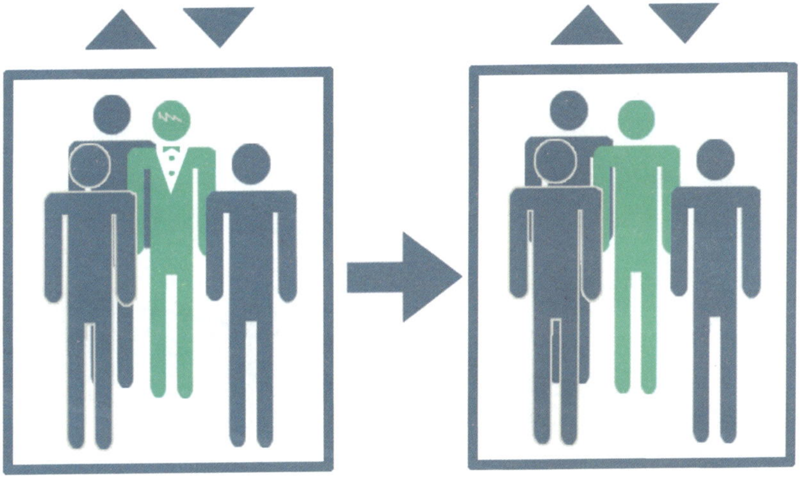

三名实验者背对门站立，被试会在困惑之余，慢慢转身。

当其他人都摘下礼帽，被试会在环顾四周之后，也摘下自己的帽子。

在不同的情境下，不同的被试会做出相似的反应，他们尽可能地与群体行为保持一致。这种对群体规范的服从又一次强化了“电梯礼仪”。

······ 结语 ······

电梯是一只神秘的黑匣子，它会对你的行为进行编码、存储和提取，在一个无限逼仄的空间里，压缩你的个性。

当你终于成为“沉默的大多数”时，你会像千千万万个电梯人一样，在这只黑匣子里，静默与消亡。

（文案：倪雅琪）

为什么星座分析总是准到哭？

1. 星座分析到底科不科学？

Round 1：测什么

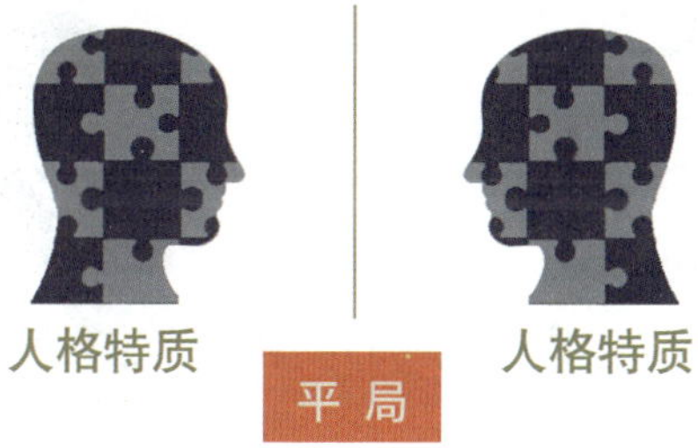

Round 2：测量工具

公历出生时间（精确到分钟）
出生地点（精确到医院最好）

187 道自评式问题

平 局

理由：没有充分证据表明出生日期与人格特质无关。

Round 3：测量单位

出生时辰各点与
行星各点的角度

3 级度量 16 种人格特质

平 局

理由：都足够精确可操作。

Round 4：测量工程

根据大家的阳历生日（精确时
分），可得出一个人的星盘

依据大家自评的暴露情况，
会得到个人性格曲线

理由：科学更喜欢直接明白、少推理的结果。

Round 5：测后可以……

推算自己的性格、行为模式、恋爱、运势

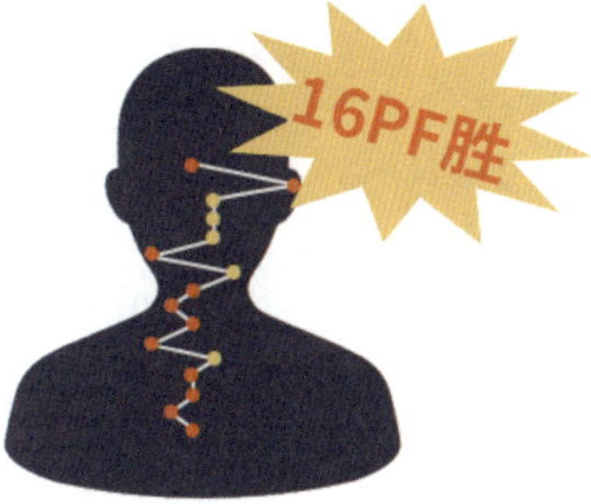

可以了解自己的性格特质并可预测个人的行为模式

理由：科学更喜欢经得起推敲的谨慎推测，不喜欢听起来很准的推测。

PK 结果：16 PF 入选科学范畴。

2. 星座分析不科学，还准到哭？

巴纳姆效应

永远对每个人都适用

泛泛而谈、不具体、不批判、不负责的言论，很容易让人觉得是准确的。

破解方法：先遮住星座名，后看分析，你会发现 12 种解释，每种都准到哭。

证实性偏见

我们内心都是自恋狂

人们会更容易注意到符合自己认知的信息，而忽略不符合自己认知的信息。

破解方法：试着在记忆中寻找反面证据。（如，说你比较真诚，想想你骗人的经历吧！）

让信任关系容易建立

如何说恭维的话

人们会更喜欢支持自己、对自己积极关注的人。

破解方法：让你所有的朋友每人指出你的一个缺点。

罗森塔尔效应

我们每个人都是生活中的演员

一开始说我呆萌呆萌的时候，其实我是拒绝的。你不能一说我就是，我得先看看星座书……看到现在，我铁定自己就是先天呆萌。

当我们入戏之后，罗森塔尔效应会有 2.0 版

心理暗示不仅让我们活得像星座人，还操纵我们如何接触世界。

天蝎好腹黑

金牛很物质

处女强迫症

大家都好可怕……

结语

虽然星座不够靠谱，不过星座拿来破冰还是挺好的。它们类似于：

英国的：**天气怎么样？**

中国的：**吃了吗？**

新交朋友：嗨！你什么星座的啊？

回应调侃：你办事好认真！我是射手座的！

玩笑吐槽：这么花心，是不是双子座的？

拉近关系：哇，你是天蝎的，我和天蝎玩（qi）得（shi）最（shi）好（tian）啦（di）！

冷淡关系：哎，我果然和天蝎，没什么聊的……

（文案：张晓）

为什么说只有死人才能保守秘密？

1. 首先秘密可以是：

你没有告诉过
别人的信息。

别人没有说
出去的秘密。

全宇宙都知道，只
有你不知道的秘密。

所以，你的秘密共享得越多，你小伙伴的阵营就越大。

2. 秘密为什么这么受欢迎?

享受被信任的感觉。

公开秘密的人一般有这样的开头：这件事我隐藏了20年，现在只告诉你一个人。(自动转化为：哇，你这么信任我，我肯定对你很重要！！！)

越多机密，信息越安全。

与生俱来的八卦基因在作祟，我们都愿意在不暴露自己的情况下获得更多的外界信息。

高情商的自觉感。

怎么样，肯定是我人见人爱，花见花开，别人才和我交心。

幸灾乐祸与自我肯定。

当听到别人的负面消息时，往往会呼一声，发出潜台词：相比起来我还是很幸福的。

3. 不在场人的秘密（八卦）为何如此受欢迎?

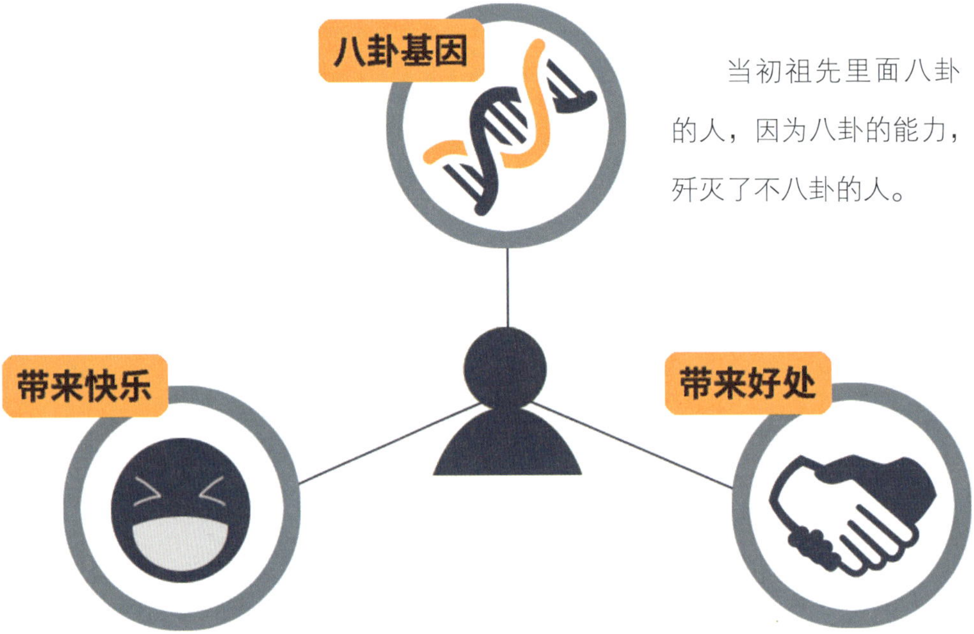

当初祖先里面八卦的人，因为八卦的能力，歼灭了不八卦的人。

A：跟你讲，xxx 好 xxx。

B：哈哈哈，xxx 原来这么搞笑。

C：是呀，ta 就是这么搞笑的，哈哈哈！

增进朋友，或是陌生人间的关系。

A：跟你讲，xxx 好 xxx。

B：我也觉得是。

4. 我们为什么难以保守秘密?

其实一开始，你让我保守秘密，我是拒绝的，不能你让我守密，我就守密呀，我得翻翻文献，看看保守秘密对我的影响。看了之后，我才知道，抢劫的是要钱，你是要命啊!

不仅死人能守密，守密的人也有更高的致死风险（更容易挂掉）。也就是说，泄露秘密是自救的过程。

这是一项活雷锋的工作

保密有害个体的身心健康，已经成为心理学界的某种共识。守密者可能因守密的压力出现各种心理上或身体上的问题，变得猜忌，避免社交，甚至出现强迫行为。

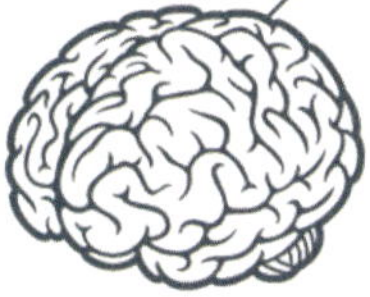

泄密有时不受守密者的意识控制

研究表明，越是不让说，越是给封口费，秘密越容易在无意识的情况下泄露出来。

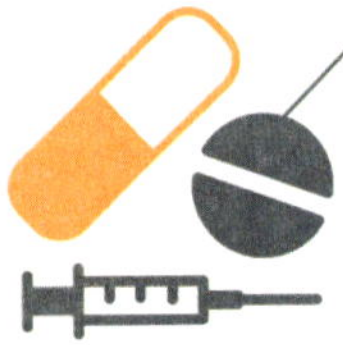

泄密如同嗑药

泄密能刺激大脑分泌内啡肽，如同嗑药，令人飘飘欲仙。

避免高处不胜寒的寂寞

人际沟通模式使得保密信息容易无意识地被分享，以便个体间继续不寂寞地同频交流。

5. 哪些人更容易成为告密者?

心理学研究表明：大五人格里……

尽责性弱的人

同理心弱的人

更容易成为告密者

个人心理边界不清的人
（共生关系爱好者）

更容易泄密，但不自知

自恋狂　　反社会人格　　表演性人格

更容易背叛承诺，也更容易八卦别人或造谣

6. 不想泄露秘密，憋着又难受怎么办？

见过三不猴吗？盯着看，看懂了吗？切断传播源是关键。

不看　　不说　　不听

拟人排解

学习《花样年华》中的梁朝伟，找一个树洞说出来，当然也可以是别的物件。

适当运动

通过适当运动来释放守密的焦虑与压力。

安全倾诉

找一个无害且与秘密完全不相干的人倾诉。

日记记录

在日记本、记事簿里写下一个个秘密，在倾诉的过程中“如释重负”。

结语

秘密就像美食，吃下去很容易，吐出来也很容易，吃下去吐不出来，就会变成肉肉，化为身体的负担，成为无言的心结。

“我这里有个惊天地、泣鬼神的秘密，守（qing）了（jiu）三（jiu）十（wo）年（ba），你（wo）要（kuai）听（si）吗（le）？”

（文案：张晓）

听说，你有一个很厉害的名字？

1 人如其名，还是名如其人？

NAME

姓名特指自己，与自我的联系极为紧密，具有较强的情感特征。

（1）人如其名

姓名对行为的影响大多被归因为“自我暗示效应”，即个体将名字的寓意内化为自我人格的一部分。

比如……

一个叫“陈美丽”的人为了不辜负自己的名字，会花很多时间将自己打扮得貌美如花。

一只叫“弗洛伊德”的猫咪，也很有可能去钻研一下萌萌哒心理学。

（2）名如其人

个体对自我的态度很容易泛化到对姓名的评价中。如果你想测量一个人的内隐自尊（即个体没有意识到的喜欢与接纳自己的程度），就可以放出“名字”这个大招。

拥有高度内隐自尊的人，会更加偏爱自己的姓名，以及与自己的姓名有关的一切。

例如，陈美丽童鞋可能偏爱以下相关的东西

2 对自己的名字念念不忘，必有回响？

（1）鸡尾酒会效应

在鸡尾酒会上，声音嘈杂，吵到连电话铃响都听不到。但是如果有人提到你的名字，即便声音很细微，你也还是会注意到。

（2）注意力的宠儿

研究表明，自我姓名的加工可能不受或较少受到注意资源的限制。自我的姓名更容易引起注意，在识别的速度及正确率上具有高优先性。

这种现象不仅发生在听觉通路中，也发生在视觉通路中。

3 为什么记不住别人的名字？

（1）依次失真效应

当人们依次介绍自己时，大脑会高度关注如何制定下面的行动，或者掂量自己的表现，别人的名字只是在大脑附近绕了一圈便离开了。

（2）工作记忆失效

工作记忆就像漏水的水瓶那样运作，装不了多少水，却还在不断地漏水。如果你不集中注意力，这点儿记忆很快就会消失。

（3）名字对他人来说无意义

名字是随机的排列组合，类似艾宾浩斯的“无意义音节”。人们更善于记住面孔，以及一些与已知信息联系在一起的事实性信息。

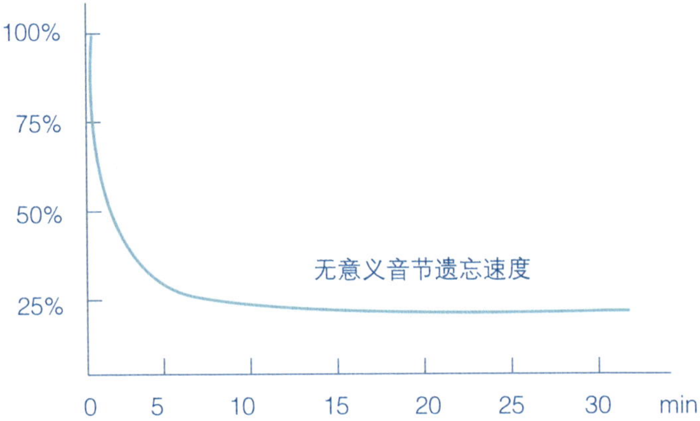

结语

名字就像是一颗种子，在一切将发未发之前，就埋藏下一个美丽的期望。

你可以舞之蹈之，为那颗小小的种子浇水施肥；也可以不以为意，任那颗种子自然生长。

但至少，请你记得啊——

在你刚降临到这个世界上时，为你取名的人曾经非常真挚地祝福过你的生命。

（文案：倪雅琪）

对不起，您呼叫的大脑不在服务区

1. 普通网民的丧心病狂的一天

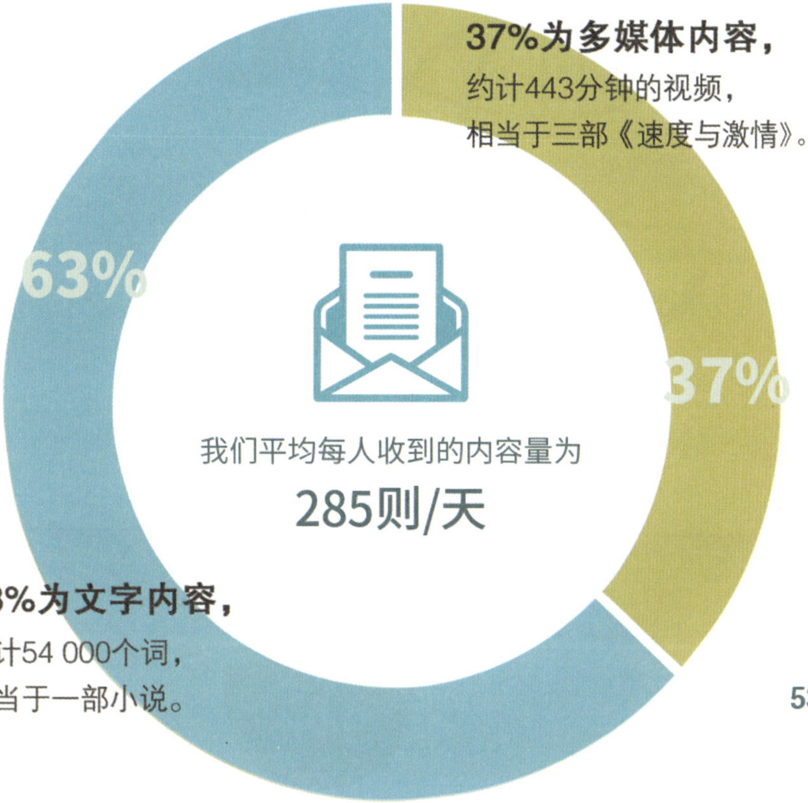

37%为多媒体内容，
约计443分钟的视频，
相当于三部《速度与激情》。

63%为文字内容，
约计54 000个词，
相当于一部小说。

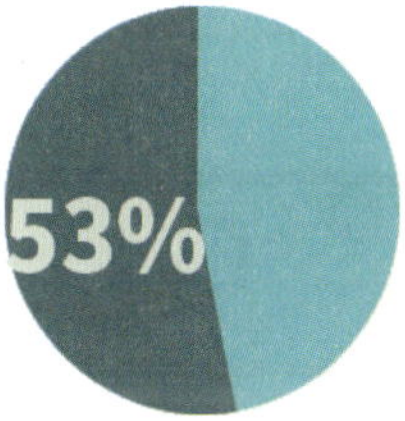

53%的人平均每天点击进入
100+个链接。

2. 对不起，您呼叫的大脑不在服务区

人脑的存储容量约为 10TB

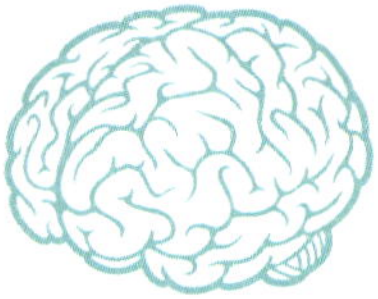

X 1亿个

约等于

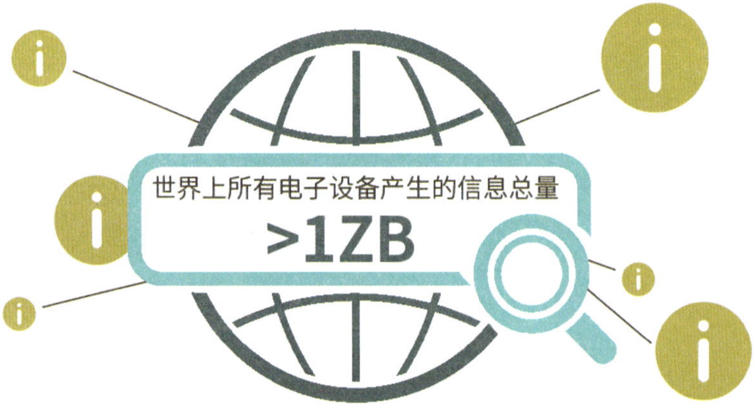

每天数以亿计的信息通过网络被分享、扩散，但仅有 20% 内容可靠且有用。

社交网络上有

近 1 000 个好友，

能维持的稳定人际关系数

≤ 150 人。

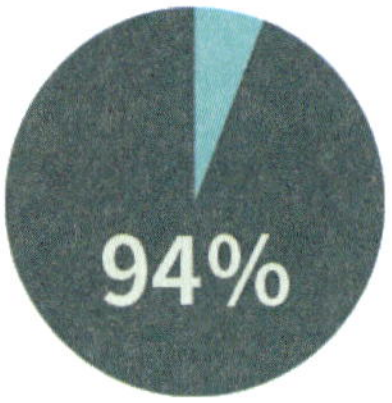

94% 的人感觉

“信息过载”。

3. 为什么大脑 hold 不住了?

(1)有限的记忆容量：7±2

7声音阶

7宗罪

7大洋

北斗7星

一周7天

……

心理学家乔治·米勒(George Miller)研究发现，人类的记忆容量为 7±2 个组块，平均为 7 个组块。

这是以单元来计算的，单元的大小随个人的经验组织而不同。

一般难以超出 **7±2 的范畴。**

注意：一旦信息过多，大脑就会感到超载，陷入死机或焦虑的状态。

(2)有限的注意资源

心理学家卡内曼(Daniel Kahneman)认为，认知资源是有限的，多任务同时进行，会消耗更多的认知资源。

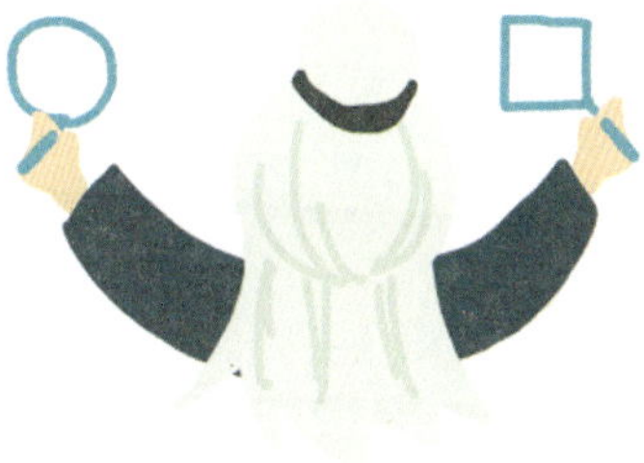

在《射雕英雄传》中，老顽童通晓左右互搏之术，可以左手画圆，右手画方。

而在现代社会里，人们的感官被各种信息占据着，不仅要左手画圆，右手画方，还要化身千万，无疑会更加疲惫。

4. 心狠手辣四部曲

心理学家刘易斯（D.Lewis）提出

信息疲劳症候群

焦虑

记忆不佳

拙劣的决策

工作满意度降低

……

对于现代人来说，信息洪流已经不再意味着要去接受更多的信息。

相反

它意味着人们必须要

放弃更多的信息。

请练习“心狠手辣四部曲”

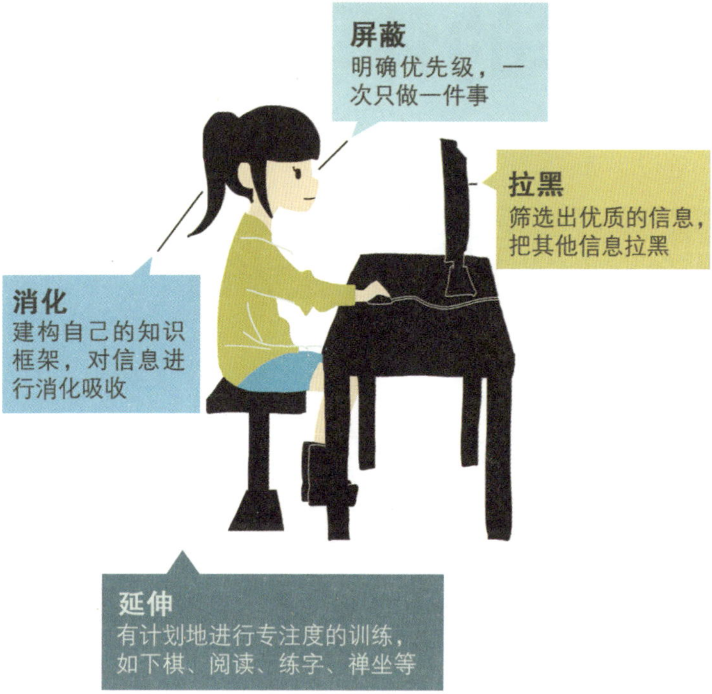

结语

这是一个 Web 2.0 的时代，一切都在轰轰烈烈地燃烧着。

还有谁愿意只做一件事，只爱一个人？

“喂，复杂世界里，一个就够了。”

（文案：倪雅琪）

用生命自拍是一种怎样的体验？

1. 自拍是什么，你真的自拍过吗？

自拍 =selfie

自拍不等于自己拍照。它必须符合下面三个特征：

智能手机

上传社交网络

手机与你相隔一个手臂的距离。2.0 版则相隔一个手臂 + 义肢（自拍神器 or 树枝 or 另外一个人）的距离。

2. 会自拍并不代表你很潮

自拍的前身是自画像

文森特·梵高自画像

几个世纪以前大家就知道这样很美了

1523 年帕米加尼诺（Parmigianino）自画像

3. 为什么自拍总是比被拍更美?

镜头在说谎

自拍比被拍更容易显脸小

摄影师斯蒂芬·伊斯特伍德通过不同焦距十连拍发现：

不同焦距的镜头产生畸变的效果不一样。

短焦端（自拍的距离）

让脸变得小而尖。

中焦端

让脸变得漂亮和帅气。

长焦端

让脸变得又宽又肥。

曝光效应

我们有觉得面熟的人更美丽的倾向。

自拍中的你就像镜子里的你，天天被看见。

恐怖谷效应

我们会对与我们极为相似又有些不同的事物产生恐怖厌恶情绪。

比如被拍的照片，特别是别人偷拍你的照片。

4. 为什么我们爱自拍?

自我欣赏的需要

从自我中心化走向社会化，但自我欣赏的“小人儿”一直藏于内心深处。

自觉控制感

我的照片我做主，灯光、角度、表情、po 不 po 都是自己说了算。

宜家效应

心理学家艾瑞里（Dan Ariely）认为，我们会对投入劳动的产品产生依恋。自导自演的自拍是比摄影更加纯粹的完全自我创作的劳动过程。

5. 为什么我们乐于 po 自拍？

戏剧表演理论

通过自拍 po 自己的生活，我能更好地引导他人对我的印象，给他人更多自己想暴露的信息。

被他人关注的需要

Look at me, I'm here!

看！我在这里！

通过他人评价强化自我认同

朋友 A、B、C：帅帅帅，
美美美，
好勇敢！
我：我果然很帅，
很美，
很勇敢！

评论奖励自拍行为

自拍已成为社交网络的交流工具。Instagram 上，出现人脸的照片会比没有人脸的照片多 23% 的机会获得评论。

6. 自拍星人与人格特质有什么关系？

高自尊心、不顾后果的人

更有频繁 po 自拍的倾向。

低自尊倾向者

更可能反复编辑自拍照。

7. 太爱自拍能生病

（1）过激的行为奖励：自拍成瘾。

（2）自拍强迫症。

英国 15 岁的少年丹尼·布朗，每天要花 10 小时拍上至少 200 多张自拍照，看着自拍里的自己远不如偶像迪卡普里奥，于是伤心地嗑药，直到有一天，他被家人发现企图自杀。

结语

“网络自拍”为彰显个性提供便利，也满足了自我认同与社会归属的双重需求，但自拍一旦 po 出去，要 P、要用、要毁容，都掌握在别人手里。

所以，还是且行且珍惜吧。

（文案：张晓）

嘘，说出口的愿望就不灵了？

如果你有一个愿望，你会——

A

把愿望锁进保险箱，谁也不告诉。

B

悄悄地挖一个树洞，说出自己的愿望。

C

大声地说出来。

选好了吗？
来看心理学家的答案。

如果让纽约大学的心理学家彼得·格威特来回答这个问题，

他会告诉你——

正确答案是，

不要选 C！

因为

在一项实验中，他让所有的被试写下一个小目标，然后将他们分为两组：

A组

向所有人宣告自己的目标。

B组

保持沉默。

45 分钟之后……

A组

平均 33 分钟就放弃了。

B组

一步一步地向着目标迈进。

1. 迷人的假象

勒温提出了“替代作用”的概念，他认为，大脑会把“说的”当成“做的”。

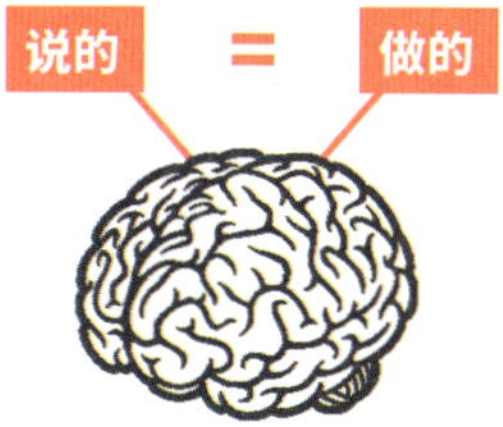

当你实现愿望之后，会获得满足感。

假象

当你把自己的愿望告诉别人之后，对方给予你的赞赏、支持，构成了一种“社会现实”，使你产生替代性的满足感。

后果

动力降低，行为也浅尝辄止。

2. 在外部动机和内部动机之间摇摆

每个人都力图使自己和别人的行为看起来合理，于是他们就找啊找啊找原因。

外部原因显而易见，俯拾皆是

为什么年纪一大把了还要过儿童节?

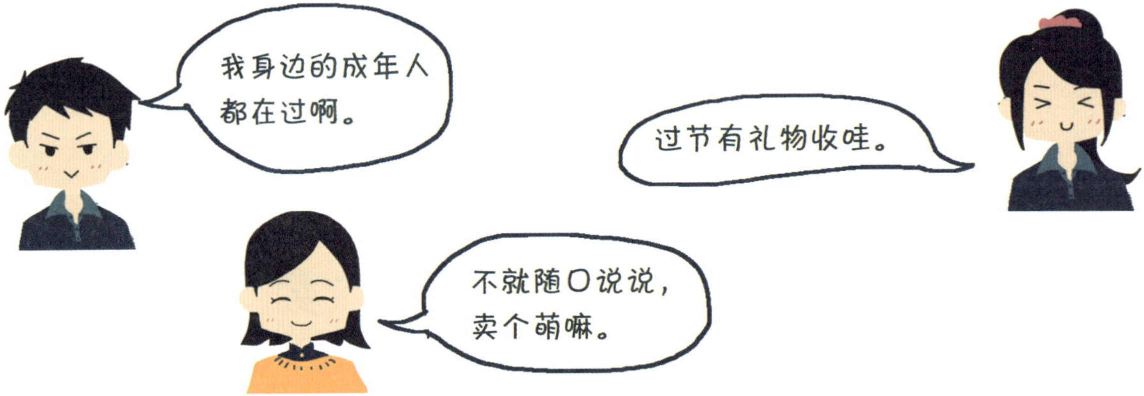

内部原因却藏在隐秘的地方，需要花费更多的力气去探索。

当外部原因足以对行为做出解释时，人们一般就不再去寻找内部原因了。

如果希望某种行为得以持续，就不要给它过于充足的外部原因。

这就是德西的“过度理由效应”。

“为什么你想要实现这个愿望？”

在大声地宣告给他人之后，无奈撇嘴：

都是他们在逼我，我是为了践诺啊。

将愿望隐秘地藏在心底，偷偷微笑：

因为我喜欢呀。

3. 真的不能说出愿望吗？

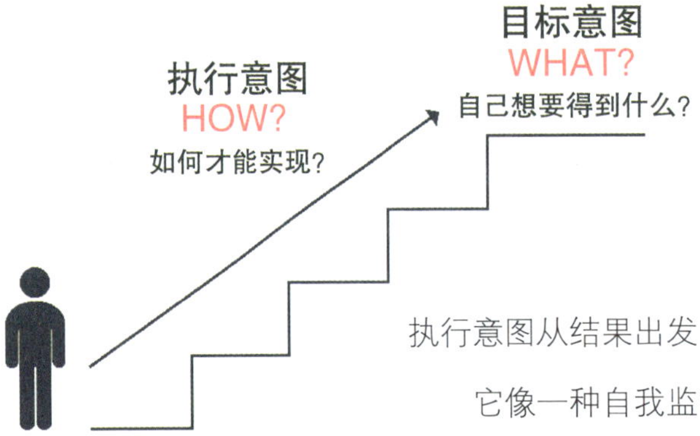

执行意图从结果出发，将抽象的目标细化为一步步具体的行动。

它像一种自我监管的工具，将虚幻的满足感拒之门外。

结语

“喂，你的愿望是什么？”

“我啊，想要成为一只快如闪电的小兔子。为了达成这个目标，我每天都要绕着田野跑 10 圈，做 100 个拉伸运动。如果我怠惰了，请揍我。”

（文案：倪雅琪）

为自己唱一首单身情歌

1 升级打怪找对象

埃里克森

埃里克森认为，成年早期（18~25岁）的基本任务是获得亲密感，避免孤独感，体验爱情的实现。

爱情作为稀缺的情感资源，需要通过竞争和选择来获得。

$$\text{爱情成功值}=\frac{(\text{自身资源}+\text{努力程度})\times\text{运气}}{\text{择偶标准}}$$

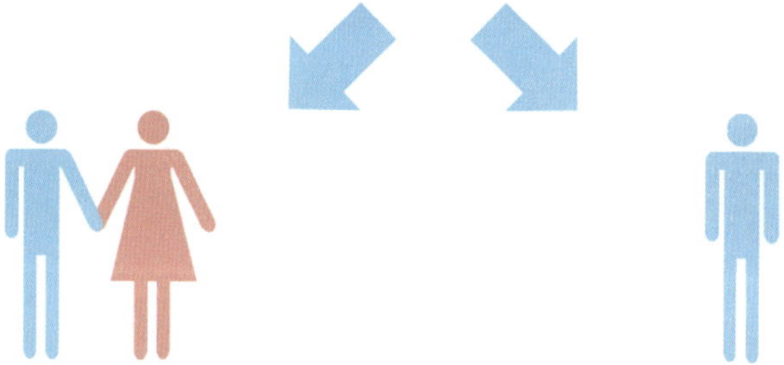

一些人升级成功进入恋爱与婚姻。

一些人挑战告败，或不愿挑战，停滞在“单身”状态。

2 苛刻的社会标签

社会对单身人士抱有苛刻的态度，将“单身”等同于**“缺憾”**，甚至是**“失败”**。

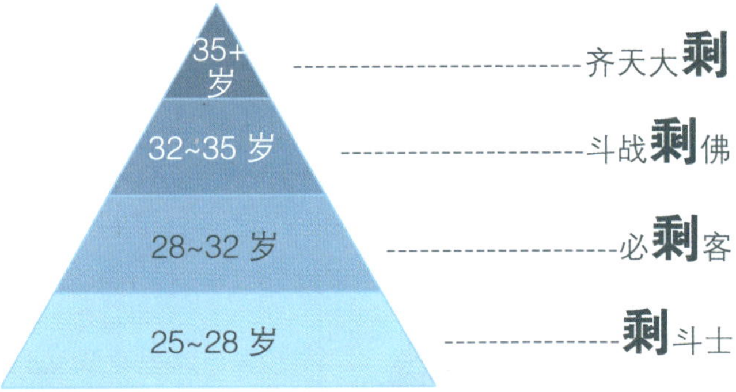

3 膨胀的灰色情绪

调查显示，单身男女的情绪状态大多是消极灰暗的。他们担心自己得不到爱，也不能去爱。

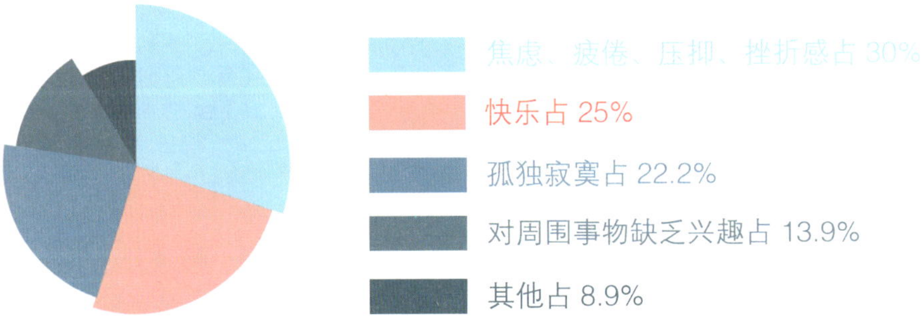

4 单身的原因

（1）有一种诅咒叫“单身基因”

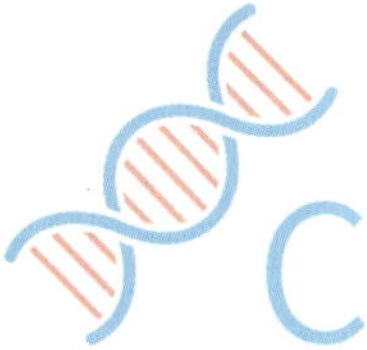

研究发现，携带 5-HTA1 的“G”型基因的人，比携带“C”型基因的人单身的可能性更大。

“G”型基因的人群产生的血清素较少，血清素与情绪、幸福感有关。

（2）原生家庭的代际传递

在悲观的情绪与神经质的人格倾向中，反反复复体会着“关系”的不易。

父母关系不睦。

会让子女对婚姻产生恐惧和排斥心理。

他们害怕会重演上一代的悲剧。

（3）完美主义情结作祟

他们过分注重细节，用放大镜来审视关系中的瑕疵。一旦对方的某一点不符合自己的心意，就会亮出红牌，无法进行理性的决策。

（4）意识清醒的决定

他们有稳定的自我价值感，不因外在的评价而有所增减。他们渴望亲密关系，但也并不惧怕独自一人。

“如果没有‘你’，
‘我’是不完整的。”

“即便没有‘你’，
我也使自己丰富和完整。”

结语

单身的问题从来不在于单身，而在于“单身”身份所带来的自我价值感的陷落。

不仅社会，连上帝都谴责单身。上帝在创造了亚当之后，突然宣称这是他第一件不甚完美的作品，于是他紧接着创造了夏娃，只为了使亚当不再孤身一人。

然而，上帝并不知晓，在伊甸园之外，生长着“爱”，也生长着“恐惧”，“我需要你”的欲念在滋长，“我害怕被控制”的欲念也在腾腾地燃烧，又有哪一种得到，不是同时伴随着失去而来呢？

倘若能在“爱”与“恐惧”之间寻求到一个平衡点，相信自己值得去爱，也值得被爱，即便单身，也能快乐无憾了吧。

（文案：倪雅琪）

大圣大圣，为什么他们都说你是男神？

1. 男神和男朋友的区别

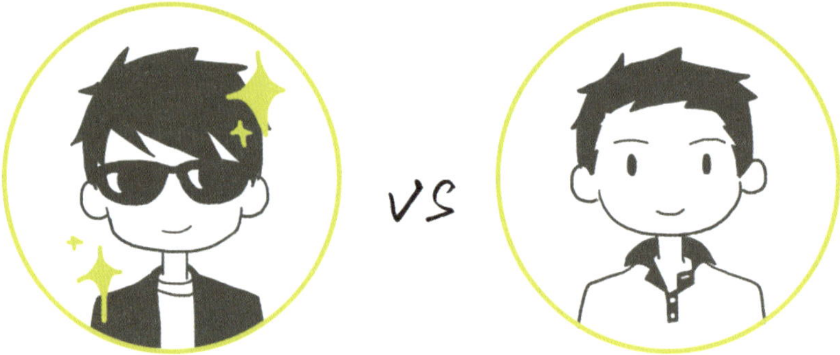

男神

可望而不可及的男人，讲究的是可远观而不可亵玩焉。

男朋友

男朋友是现实中拿来生活的（近距离、相似性、可吵架）。

2. 心中男神的五标准

据 2013 年“男神 50 标准”精选，大家心中男神五大标准为：

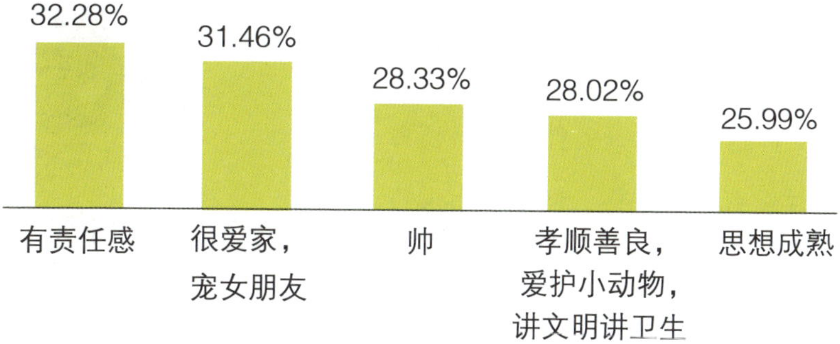

3. 崇拜男神的三阶段

依照崇拜量表，崇拜男神有三个阶段：

娱乐社交水平（低度卷入）　强烈个人感觉水平（中度卷入）　病理边缘水平（高度卷入）

4. 大圣为什么能成为男神?

颜值诚可贵

颜值确为男女神的一个先天条件。虽然长着一张马脸的孙大圣似乎并没有绝对条件，但他也有展现了“优雅”的一面。

性格价更高

综合来说，大圣具有 4 大男神性格：

东土第一保~~姆~~镖

若为英雄，皆可抛

心理学家津巴多认为，我们对英雄的崇拜，源于自古我们对抗外界时的恐惧。

大圣满足英雄核心：

有一个崇高的目标，
且甘愿为之付出一切。

同时满足四个要素：

结语

知乎有言曰：男神是，离开你时会让你比认识他时变得更好。颜值高的男人可能具有一眼绝杀的能力，但感情不是一瞬间的激情，女性所求的亲密关系往往是能够持续一生的、很有保障的关系。这大概就是为什么责任感会成为男神最重要的情感特质吧。

男孩子们，培养自己的责任感吧，据说一个喜欢孩子的男人，将更受少女的欢迎哟！

（文案：张晓）

终于知道我为什么会不停地吃吃吃了

1 饿了，就想要吃东西么？

饥饿受到以下因素影响：

胃的满饱程度

血糖水平

脂肪储量

饿不饿，饱不饱，问问下丘脑

“饿了”和“够了”就像开关的两极

激活外侧下丘脑时，
我们就会想要吃吃吃。

激活腹内侧下丘脑时，我们就会
出现“不吃不吃我不吃”的状态。

Tips：

细嚼慢咽可避免一时豪放吃太多，因为下丘脑需要至少 10 分钟才能产生“饱不饱”的感觉。

神经递质让我们吃得更多

下丘脑的室旁核内存在一种神经肽 NPY，研究表明，体内 NPY 数量越多，个体就吃得越多。

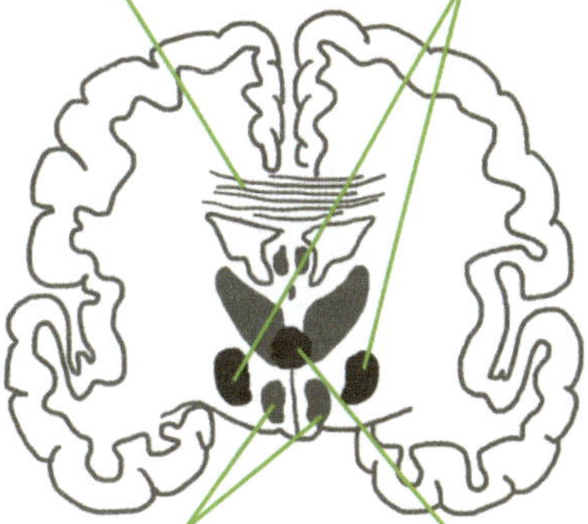

脂肪知道你什么时候该停下来

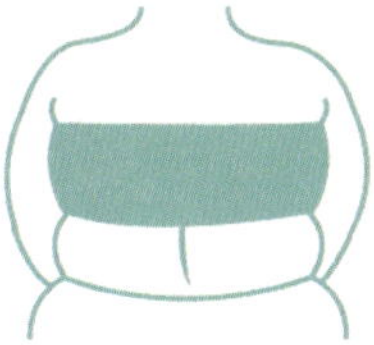

当要发胖的时候，脂肪细胞会分泌一种叫瘦蛋白的物质，通过血液告诉大脑要少吃。

2 饱了，就不吃了么？

（1）多种多样的食物，可能让你继续保持要吃的想法。

（2）食物伸手可及，可能让你突然起意想要吃东西。

（3）化情绪为食欲，当心情不好时，我们会安慰性进食。

（4）如果你尝试过节食，你更可能不顾肚子饱，豪放吃一把。

3 食欲 VS 情绪，是谁握有控制权?

情绪握有控制权

祖先的经验

我们的情绪本身（对饿死的恐惧），
事实上极少指向健康的进食习惯。

压力进食

一项调查显示，情感压力下，30%的人
会吃更多，48%的人会变得没有胃口。

不同的情绪，食欲不一样

比起恐惧与悲伤，我们愤怒
或开心时更容易觉得饿。

男女的差异

女性比男性更容易因
负性情绪而进食。

食欲握有控制权

碳水化合物和脂肪摄入能促进内啡肽的分泌，它像鸦片，让我们飘飘欲仙。

咀嚼和吞咽能促进大脑分泌 5- 羟色胺，它能阻击抑郁情绪，让我们高兴起来。

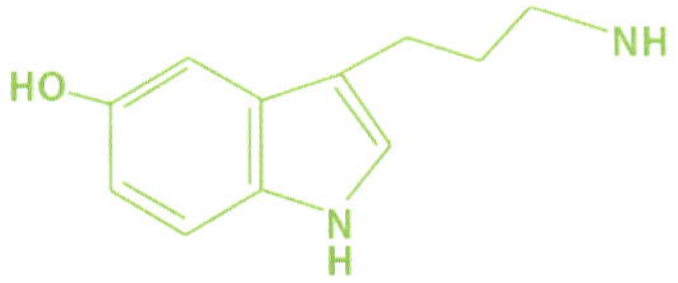

研究表明，疯狂进食 5 分钟后，我们会产生积极情绪，不过这种好心情只能持续为时不多的数分钟，之后两天你可能体会到的是负性情绪。

结语

吃吃吃能安慰你的情绪，愤懑的情绪能激怒你的食欲。你现在饿了么？是真的饿了，还是别的什么原因呢？

（文案：张晓）

第3部分

寻求连接

关系心理学

亲情、友情、爱情……一旦关涉到爱，就不再是对象的问题，而是能力的问题。可以说，爱是通往幸福之门，而心理学正是最好的钥匙。

人人都是“关系户”

1 人字的结构，就是相互支撑

我们的一生，

都成长于关系之中。

早期的母婴关系是第一条连接的纽带。

母亲是孩子的镜子，孩子从这个镜子中照出自己。

她也是孩子的容器，去承载孩子的种种情绪，如快乐、愤怒、恐惧、悲哀……

婴儿通过母亲去认识世界，
发展最初的爱和信任感。

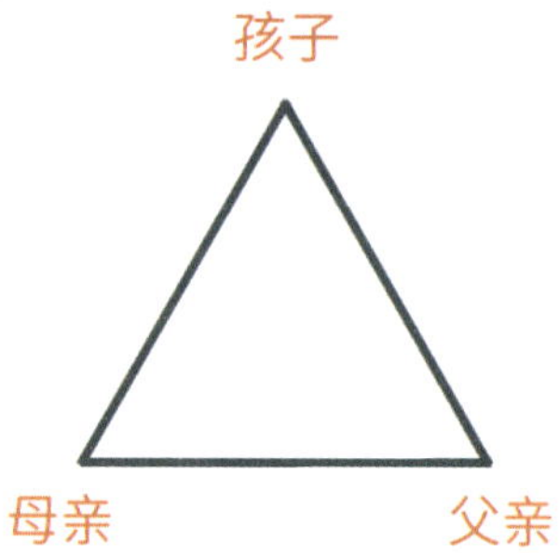

当母婴关系扩展到原生家庭，就会形成最基本的三角关系组合：父亲（丈夫）、母亲（妻子）、孩子。

2 幸福的家庭是相似的，不幸的家庭各有各的不幸

TAPL快速咨询法创始人吕明教授认为：

（1）最佳的家庭结构

等边三角形

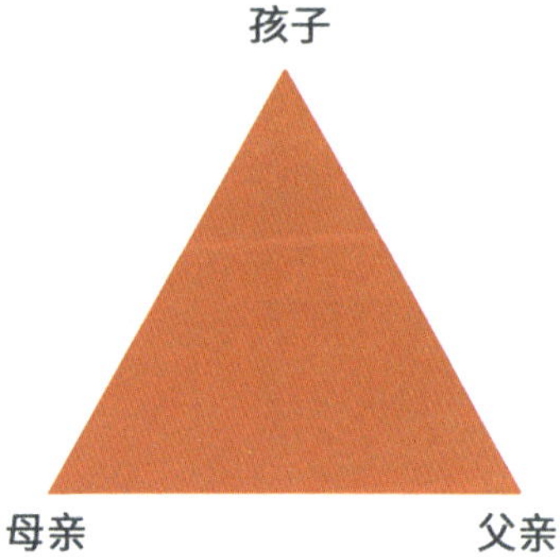

这也是最稳定的形态，父母之间有很好的关系，父母与孩子之间也有很好的关系。

（2）较好的家庭结构

等腰三角形

当父母之间的关系较为密切时，就能提供给孩子较大的支持力。

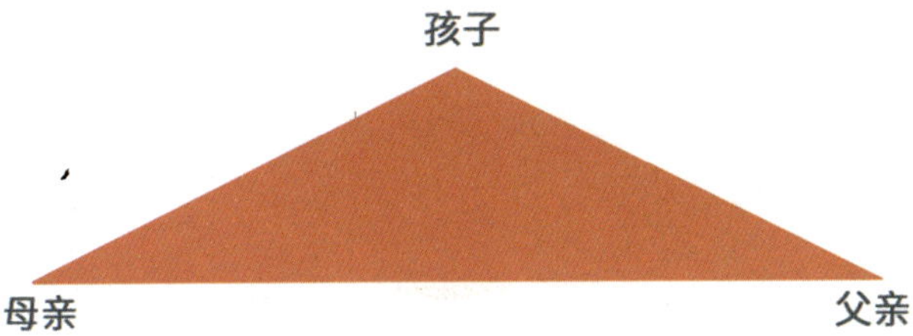

当父母之间的关系较为疏远时，只能提供给孩子较小的支持力。

（3）糟糕的家庭结构

随意三角形

a. 当父母之间的关系很差时，就会使三角形趋于直线。孩子从家庭当中无法得到向前发展的动力。

母子关系好于父子关系，诱发日后的婆媳不和。

父子关系好于母子关系，孩子难以对母亲建立起认同感。

b. 父母抢夺孩子，就会使孩子困囿于一个有限的范围内，在原地打转。

幸福家庭的指南是让父母之间的关系成为家庭关系的核心，拥有第一发言权。孩子能从这样的家庭中汲取到充足的养料和水分。

“父亲爱母亲。”

“母亲爱父亲。”

“父母爱我。”

3 分化的关系

在纷繁多样的关系里，

谁曾温暖你，谁曾漠视你？

谁曾伤害你，谁曾宽慰你？

画下你的“影响轮”，了解自己的重要关系吧。

结语

你与谁建立了关系？是深厚持久的，还是肤浅脆弱的？

你是父亲，你是丈夫，你是儿子，你是哥们；我是母亲，我是妻子，我是女儿，我是闺蜜。

这些都无法孤立地定义“你”和“我”。

我们建立关系，又从关系中分离，路途中相遇的每一个人都是自我的碎片，把它们拼凑起来，才能找到完整的自我。

（文案：倪雅琪）

我有一个内/外向的朋友

我们的区别

外向

外向者从外部获得动力，人多活动多的环境让他们精力充沛。

内向

内向者从内部世界获得动力，社交会消耗精力，而独处则为他们重新充电。

外向者偏爱宽度，兴趣广泛。

内向者喜欢深度，更为专注。

外向者善于表达与分享。

内向者善于独自思考与聆听。

外向者总会蹦出新奇的点子。

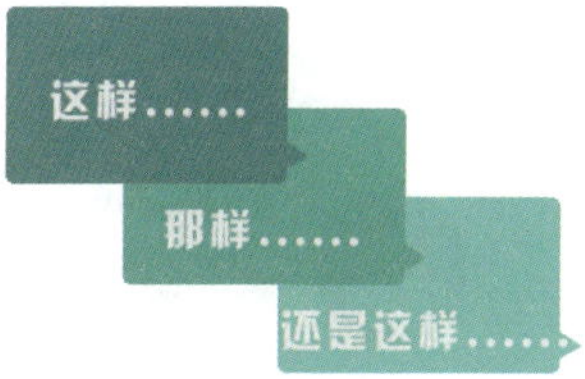

内向者喜欢反复掂量自己的想法。

外向者总会激励他人。

内向者需要朋友的鼓励。

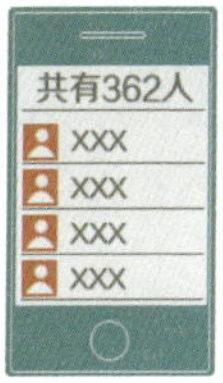

外向者善于社交，有很多朋友。

内向者喜欢和两三好友聊聊天。

谢谢你的理解

慢热的我，刚认识那会儿不会很热情，但熟了之后也是个爱笑会犯二的人。

看你一副安静无聊的样子，我就逗你玩想让你放松一下，并没有恶意。

有时不参加聚会不是因为讨厌你们，而是我需要独处，请不要介意。

如果你愿意，我可以分享一些没话找话、让气氛high起来的社交技巧。

我不会迫不及待地发表看法，如果你愿意听听，或许会为你带来新的思路。

我对一些事情没有那么敏感，所以你有什么想法请直接说出来。

如果我说很高兴有你这个朋友，那是真话，虽然我看起来不是超级兴奋。

我高兴起来说话噼里啪啦一大段，但不全是废话，只要你耐心听就知道。

如果我不开心的时候你想要安慰我，静静坐在身边陪陪我就已经够了。

虽然我是没心没肺的乐天派，但也不是百毒不侵，我也有沮丧失落的低潮。

结语

外向者拥有令人艳羡的气质与能力，内向者也有喧嚣世界中的“静争力”。

无论你是外向者还是内向者，请欣赏自己的特点，这正是你的天赋所在。

给自己掌声吧！

（文案：汤旻）

你的铠甲也是你的软肋？

1 防御是为了隔离不愉快的情感

1894年

西格蒙德·弗洛伊德在《防御性神经症》中第一次提出“心理防御机制”的概念。

1936年

1936 年，他的女儿安娜·弗洛伊德，在系统研究的基础上扩展了这个概念，制定了防御清单。

本我 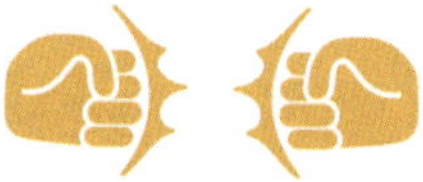 自我

心理防御机制，是个体在潜意识中，为了减弱、回避或克服本我和自我的冲突所带来的挫折、焦虑、紧张感而采取的一种防御手段。

2 防御具有适应性的功能

年幼的孩童无法处理负性的情感，他们用心理防御机制来平衡内在的冲突。

成年之后，在压力情境下，自我使用的防御机制也有助于个体恢复正常功能。

3 防御介于病态与成熟之间

各种防御机制好比一个连续的光谱，一端是病态，一端是成熟。

一个人使用哪些自我防御机制，直接体现了其人格的强度、稳定性和成熟度。

瓦利恩特将防御机制分为四个层次：

（1）自恋型防御机制

精神病理性否认

妄想性投射

对现实的歪曲

“不，不！不是我的错！那不是真的！”

（2）不成熟型防御机制

疑病

幻想

投射

被动攻击

潜意显现

“我身体的某一部分很不舒服，我怀疑我生病了！”

(3) 神经症型防御机制

反向形成

幻想

投射

被动

心里喜欢一个女孩，却总是扯她的小辫子，惹她哭。

(4) 成熟型防御机制

升华

压抑

期望

利他

幽默

通过拳击运动，来发泄自己的攻击本能。

结语

防御机制大多在无意识层面运作。但我们也可以训练自己对于防御的敏感度，提高自我的觉察力，有意识地去运用精神上的“免疫系统”，来护卫自己的心。

直至那颗流血的心也能学会宽容，能够更有力量地去直面举世的赞誉或非议。那时，便能轻轻地卸下保护层，做一个坦诚而自如的人了。

你期待那一天的到来么?

（文案：倪雅琪）

你与妈妈的关系将决定你的爱情？

1 母婴关系书写着“依恋”的蓝图

母亲作为个体生命初期的主要抚育者，影响着婴儿的依恋类型。

安全型

敏感、温柔的母亲，能及时回应婴儿的需要，婴儿在持续的照顾下，与母亲形成“安全型”依恋关系。

表现：

妈妈来了，我高兴。

妈妈离开，我也能独自玩耍。

信念：“妈妈爱我，她会持续地关注我。”

焦虑型

情绪不稳定的母亲，对婴儿表现出不一致的照顾，他们之间会形成“焦虑型”依恋关系。

表现：

妈妈来了，我高兴。

妈妈离开，我抓狂焦虑。

信念：“妈妈爱我？妈妈不爱我？”

回避型

粗心大意的母亲，常常忽略婴儿的需要，婴儿在长久的忽视下，形成了“回避型”依恋模式。

表现：

妈妈来了，我无所谓。

妈妈走了，我也无所谓。

信念：“反正妈妈不爱我，我也不要妈妈了。”

2 爱情唤醒早期的依恋模式

哈赞和谢弗（Hazan & Shaver）发现，成人依恋类型的分布情况类似于婴儿。

占56%

安全型

- 需要亲密，也能坦然面对偶尔的分离。
- 情绪稳定，能够觉察恋人的需要。
- 对自我和恋人的认知都是客观的，不贬低也不抬高。

占19%

焦虑型

- 渴望亲密无间，抗拒分离。
- 情绪不稳定，对恋人的情绪和行为非常敏感。
- 贬低自我，放大恋人的优点。

占25%

回避型

- 需要亲密，却拼命压抑，外在表现为独立。
- 情感隔离，对恋人态度冷漠。
- 抬高自我，放大恋人的缺点。

3 复杂的爱情配对

结语

当我们进入恋爱关系，自身的依恋系统就会被激活。我们会清楚地看见自己是谁，在怎样的爱的哺育下长大，又是怎样去爱一个人。

更多的觉察与反思，能够帮助个体重塑自己的依恋类型。而五年以上的恋爱关系，也会让关系中的双方悄然地发生改变。愿每个人都能够接受爱、给予爱，投入到关系当中，跳一曲美丽的双人舞。

（文案：倪雅琪）

我和我妈
相爱相杀的一辈子

1. 你是草儿我是宝儿

没妈的孩子像根草？

孤独感

单父家庭的孩子　比　单母或完整家庭的孩子

更容易感到孤独

有妈的孩子像块宝?

调查结果显示：多数人心中理想的妈妈与自己的妈妈相差很大。

理想的妈妈

我的妈妈

更多的现实情况是：

觉得父母没有时间**陪自己**。

觉得自己与父母**有矛盾**。

称遭遇过生理或心理的**虐待**。

2. 所以妈妈还是别人家的好？

换妈行动：《机器猫》里的一集，几个小伙伴都聚在一起抱怨自己的妈妈不好，羡慕别人家的妈妈多么好，纷纷求机器猫交换妈妈。

被自己妈妈认可的潜意识需求

当需求不能满足时，会激起反向的心理防御。

对自己妈妈的心理期待比他人更高

耐心的阈限更低。

评价偏差

当我们远离一件事物（别人的妈妈）的影响时，我们对它有更客观的评价。

归因偏差

对于优点：我自己天生丽质萌萌哒！

对于缺点：这都是父母遗传的错！

3. 如何跟自己的妈妈斗智斗勇？

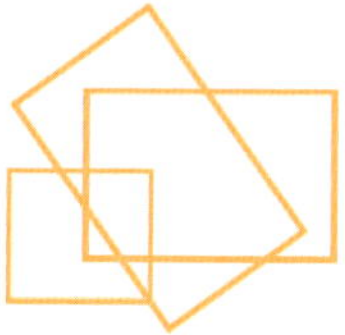

灵活运用框架效应

在人际沟通中，关键不在于说什么，而在于怎么说。只有先把频率调整到同一区，才能让沟通生效。

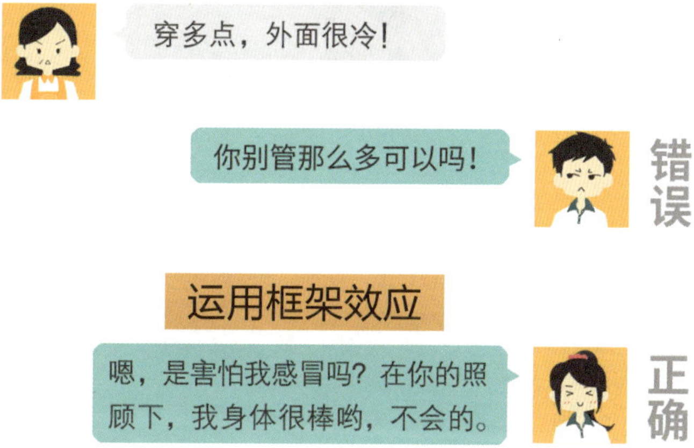

负强化

态度一致的拒绝与坚定立场。不过首先你得确定，你真的已经做好心理断乳的准备了。

快去换个发型，
这样看起来丑死了！

妈妈，我喜欢自己这个样子，
你这样说我，我很伤心的。

要应对太过分的妈妈，可找专业人员咨询。

结语

最后有一点可以肯定：

不管是虐恋还是爱恋，是福音还是祸害，一般的妈妈内心都有一种很强烈的想法：

虽然我不是你心中理想的妈妈，但是我真的很爱你。

嗨，你有多久没联系妈妈了？

（文案：张晓）

为何只在父亲节，才会重视他？

1. 失落的父亲角色

父亲的意象是山，

母亲的意象是水。

孩子与父母的关系主要建立在……

与母亲的关系建立在母亲的**抚养和敏感**之上。

与父亲的关系更多建立在**活跃的游戏**之中。

精神分析与行为主义均强调母亲在儿童社会性发展中的作用，母亲常被描述为主要抚养者，父亲似乎只起到有限的作用。

2. 父亲的三重程序

现代社会的父亲危机，大多缘于对父亲身份的窄化认识。

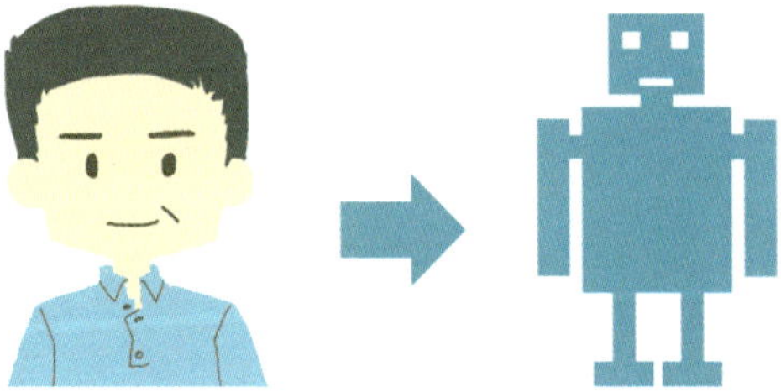

父亲成为了一架机器，不断地重复以下三种程序：

程序一：赚钱养家

（低目标）不做屌丝

⬇⬇

（高目标）成为“李刚”

程序二：提供庇护

：爸比，爸比，我们去哪里呀？

：有我在就天不怕地不怕。

程序三：设立家庭规范

少年十八禁（不行！不可以！）

他的其他功能被削减了，重要性也随之被低估。

3. 重要的父亲

家庭是一个整体、一个系统，父亲在家庭教养中有不可替代的作用。

心理学家麦可·兰波指出：

父亲是孩子的“安全的第三者”

0~5岁

帮助孩子从心理上与母亲分离，走向外部的探索。

父亲是孩子的权威典范

6~12岁

教导孩子控制自己的冲动，学习法律和规范。

父亲是孩子性别角色的引导者

13~18岁

男孩从父亲那里模仿、学习男子汉的气概；女孩则从父亲那里学习与异性交往的经验。

父亲在孩子生命中扮演精神导师的角色

19岁以后

向孩子传递生命的意义和价值感。

结语

人们一旦谈起父亲，就会联想起“山”的意象。山川沉敛有力，是一种有距离的稳定存在。

有时，父亲确实不如母亲那样让我们感觉到亲密，当他收敛着自己的情感，以完全不同的方式来表达关爱时，你能准确接收到他发出的信息吗？你又将如何回应？

“谢谢你，谢谢你

作为我的父亲而存在。”

（文案：倪雅琪）

是性就要放肆，是爱就要克制

1. 不想做的爱情，算不得爱情

XXOO，是性欲的表现方式。根据爱情三角理论，没有 XXOO 的爱，最后都变成了伙伴之爱。

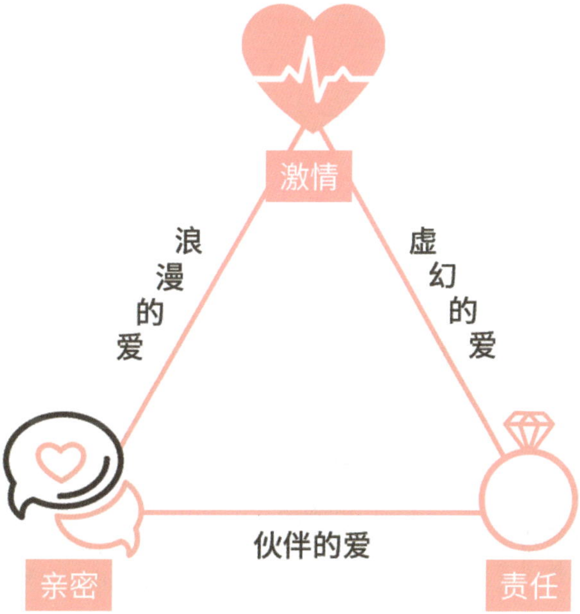

2. 更多的XXOO不是为了生娃，而是为了快乐

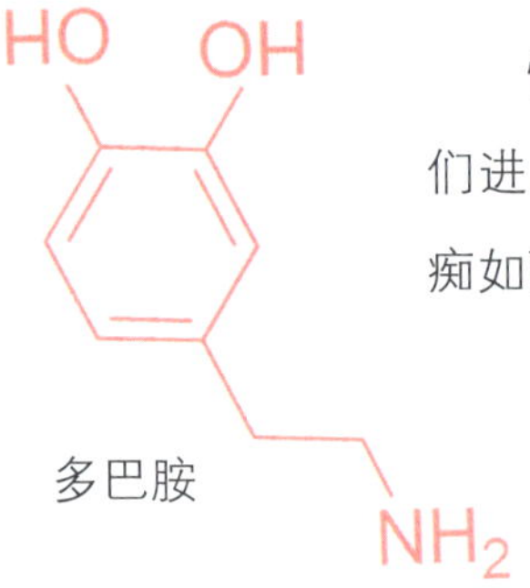

性高潮时，多巴胺大量爆发，让我们进入一种如摄入致幻剂、可卡因后如痴如醉、如梦如幻的境界。

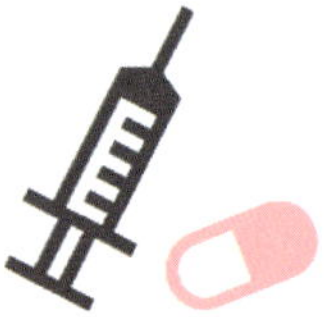

3. 关于XXOO，男女大不同

ROUND 1

关于高潮

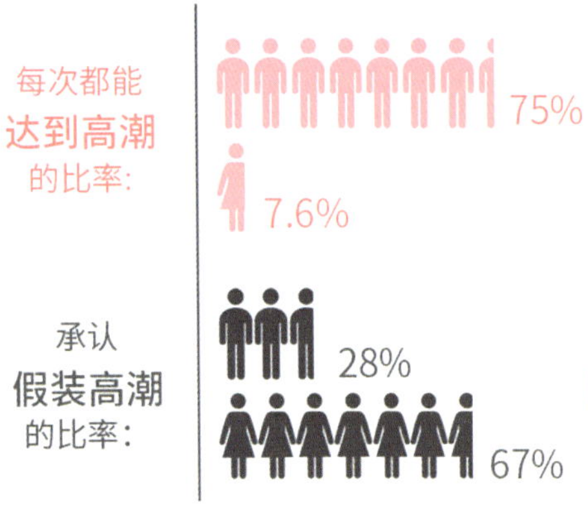

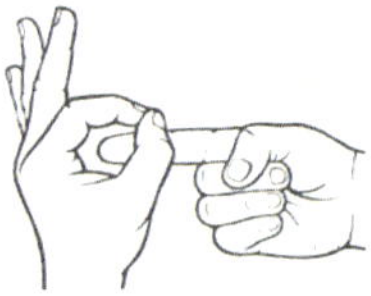

2/3的女性，表示更喜欢阴蒂刺激的感觉。

74%的女性称需要摩擦阴蒂才能达到性高潮。

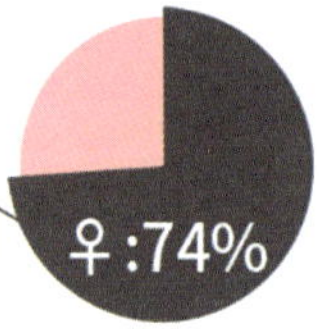

ROUND 2

关于性幻想

每天性幻想次数

一项心理学的实验表明：

4. XXOO时，阴茎的大小真的重要吗？

我国男性阴茎正常态的平均长度：

8.3cm

勃起态的平均长度：

12cm

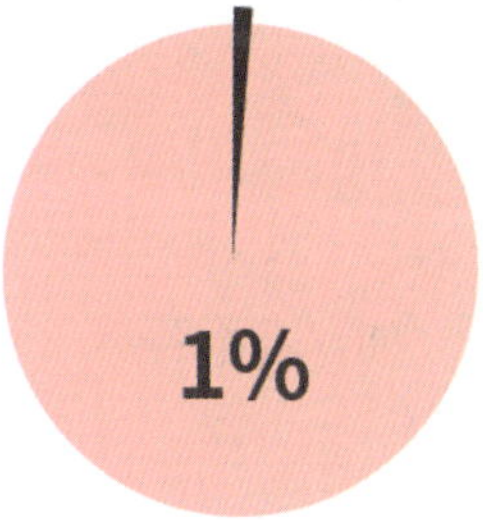

而女性得到的快感与性高潮强度和阴茎大小无关。只有 1% 的女性认为大小真的非常重要。

5. XXOO，是最幸福的有氧运动

据统计，一次 XXOO 平均时长为 30 分钟，在这 30 分钟的爱的运动中

会消耗200卡路里

接吻一分钟可消耗26卡路里

6. 笑一笑不仅仅是十年少，还更容易性福

研究发现，开怀大笑 15 分钟，血管会扩张 22%，在 XXOO 的时候，便会有更多的血液提供给性器官，提高性唤起的水平。

不过，要笑 15 分钟，真不容易。

7. 公开演讲前，来一发XXOO吧

性爱是世界上最安全的镇静剂，它的效力超过安定10倍。

普林斯顿大学的研究发现，那些性生活频繁的小鼠压力更小。

结语

性爱是一个人对另一个人的原始欲望与冲动，是完满爱情不可或缺的一角。这部分对我们的生活十分重要，但似乎又被羞于谈起。其实性爱不仅仅为了繁衍，它还让我们更快乐更健康。既然是性爱，那就让它放肆吧。

看完想到了谁？转发给TA吧！

（文案：张晓）

喜欢和爱，究竟有什么区别？

1. 喜欢是摘花 而爱是浇花

喜欢与爱不一致的两种情况：

我喜欢你，但是我不爱你。

论备胎是怎么诞生的。

我爱你，但我不喜欢你。

电影

One Day

《一天》里面的那对绝世好友，

还有互不待见的兄妹。

2. 喜欢可以是很多人 爱却只能是一个人

“喜欢上”其实没有那么浪漫

有时你喜欢一个人，只是因为……

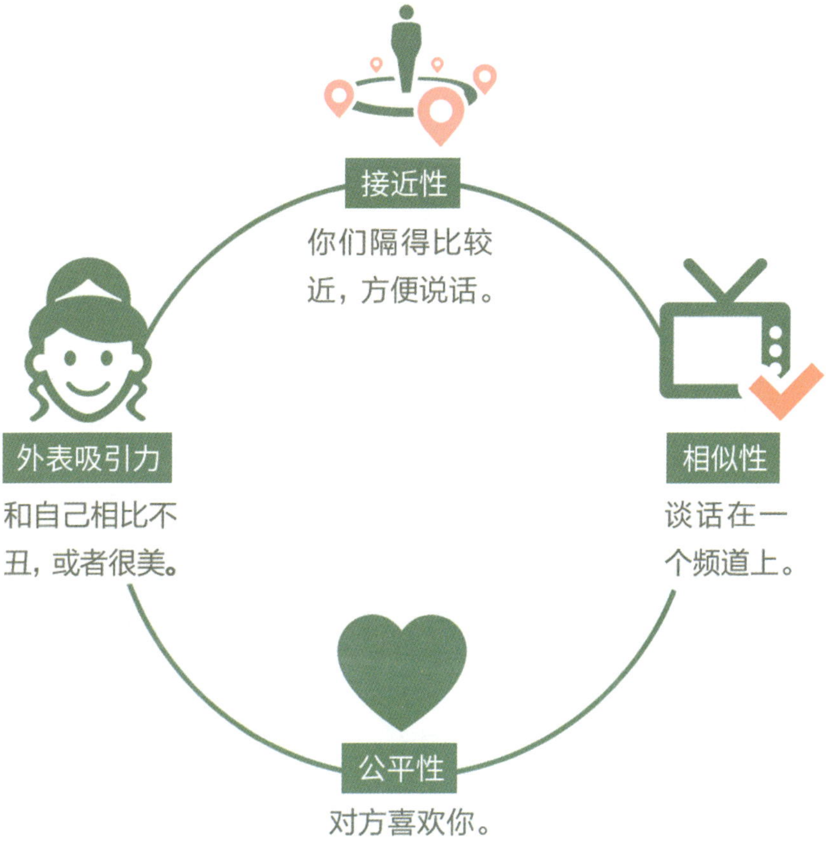

“真爱上”必须有浪漫

心理学家罗伯特·斯腾伯格（Robert Sternberg）认为：

真爱是激情、亲密、责任的完美组合。

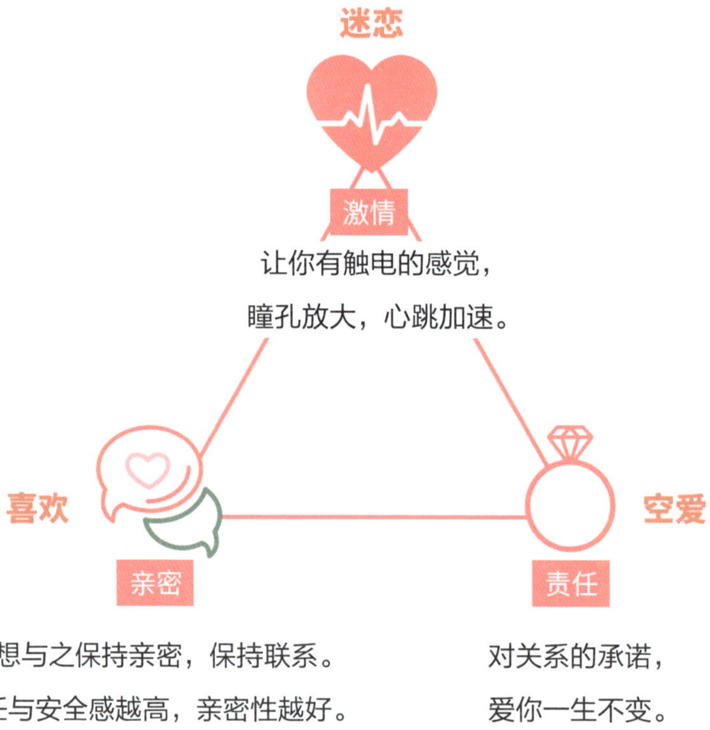

只有亲密性存在时，是喜欢；只有激情存在时，是迷恋；只有责任存在时，是空爱。所以，喜欢是没有性欲的，爱却有。

3. 喜欢是爱你的身体 爱是喜欢你的灵魂

芝加哥大学的研究表明：

爱人会把更多目光放在你的脸上

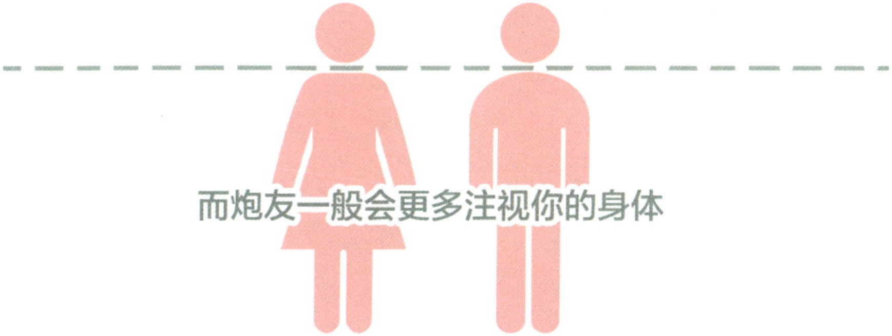

而炮友一般会更多注视你的身体

4. 喜欢是互黑的欢乐 爱将黑历史理想化

当我们喜欢一个人的时候

我们注重欢乐与信任。

当我们爱上一个人的时候

我们会将对方理想化，这时对方的什么都是美的，且容易产生自卑的情绪。

5. 喜欢是分享后233 爱是有了软肋与铠甲

心理学家齐克·鲁宾（Zick Rubin）表示，爱有三点是喜欢所没有的。

（1）上瘾一般的依赖。

需要知道爱人的各种消息。

（2）专属的雷锋叔叔。

爱人有困难第一个赶到。

（3）不能被共享的独占欲。

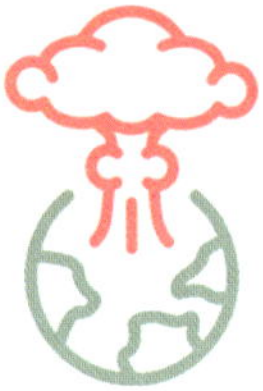

看见爱人与他人玩耍，
就像看见世界末日。

6. 喜欢让我们开心 爱让我们发神经

心理学家海伦·费舍(Helen Fisher)发现

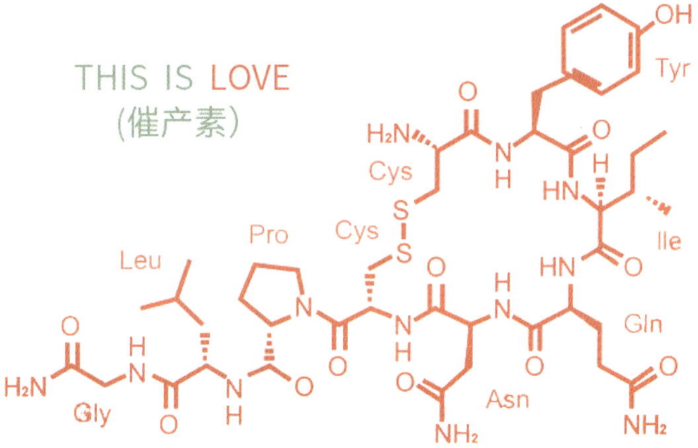

(还有人会选择把催产素的化学式纹在身上哦)

催产素(Oxytocin)是爱情专属激素，它一方面让恋人相互信任、相互理解，另一方面让他们更容易猜忌、嫉妒和产生敌意。

BUT

喜欢与吸引则是多巴胺与去甲肾上腺素的作用结果。

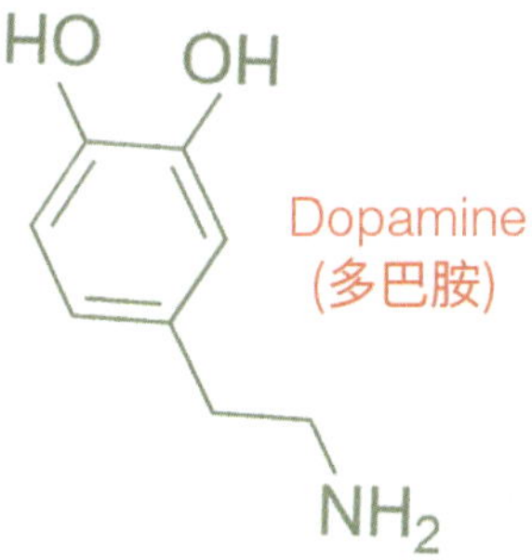

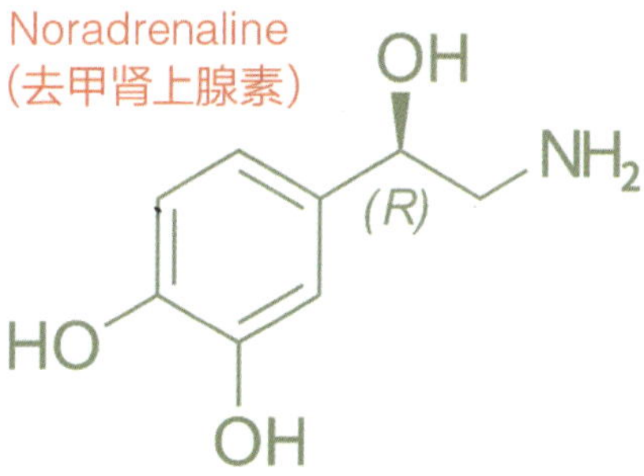

结语

喜欢是乍见之欢，爱则是久处不厌。

喜欢是自由发展，爱则是心甘情愿。

喜欢是找到知音，爱则是找到归属。

喜欢可放肆，是爱就要克制。

你准备好了吗，是去爱一场，还是去喜欢?

在你们心里，喜欢是什么，爱又是什么呢?

写下来，让 ta 看见。

（文案：张晓）

谈灵魂伴侣时，我们在谈什么？

虽说一百个人心中有一百个灵魂伴侣，但如果你想成为“大众灵魂伴侣”，可以重点塑造如下几个方面。

1 你需要的条件是：

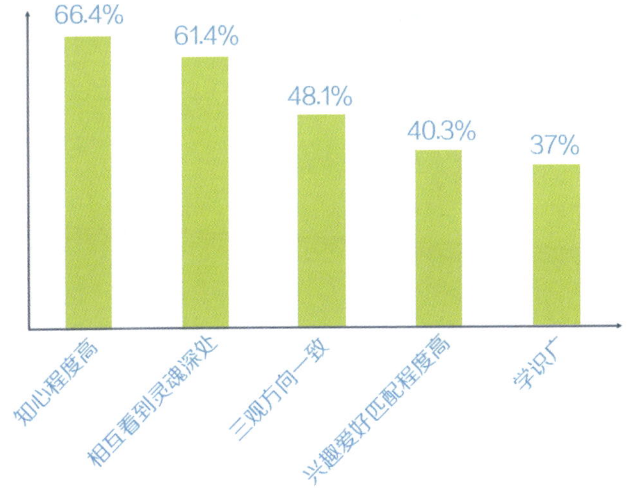

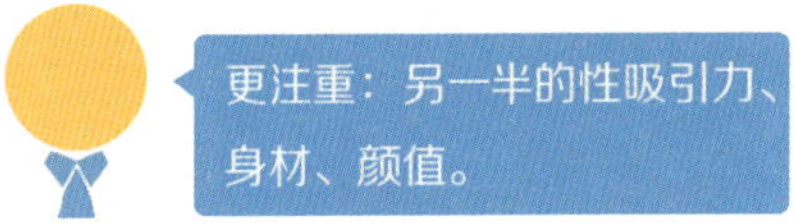

2 你需要给人怎样的感觉？

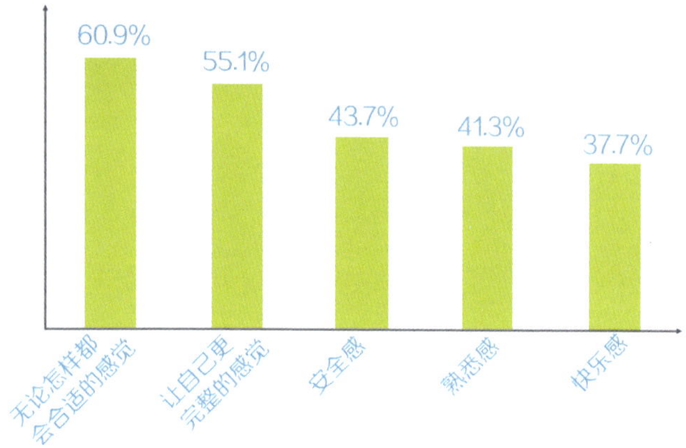

灵魂伴侣的雏形出来了，不过你相信它的存在么？

3 在“相信”这个问题上，有代沟

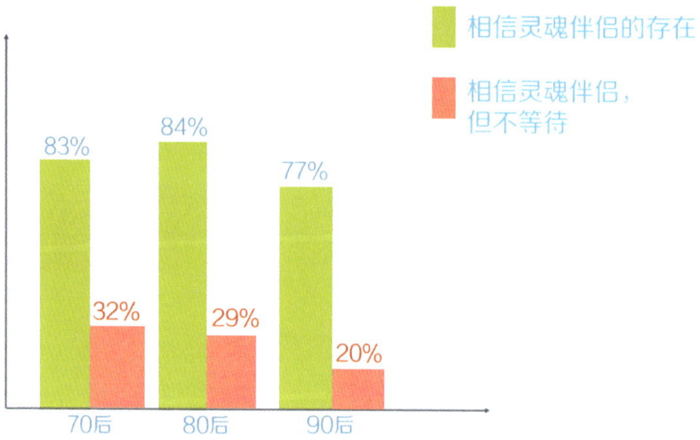

4 在“相信”这个问题上，无性别差异，但是……

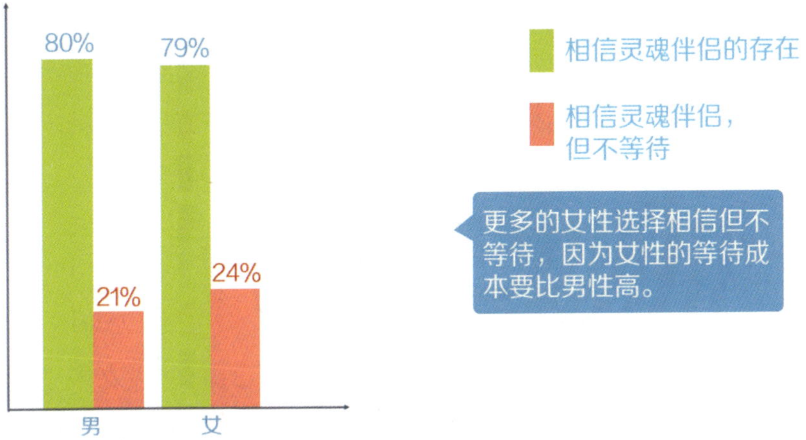

更多的女性选择相信但不等待，因为女性的等待成本要比男性高。

5 恋爱次数与相信灵魂伴侣之间是可爱的倒 U 形关系

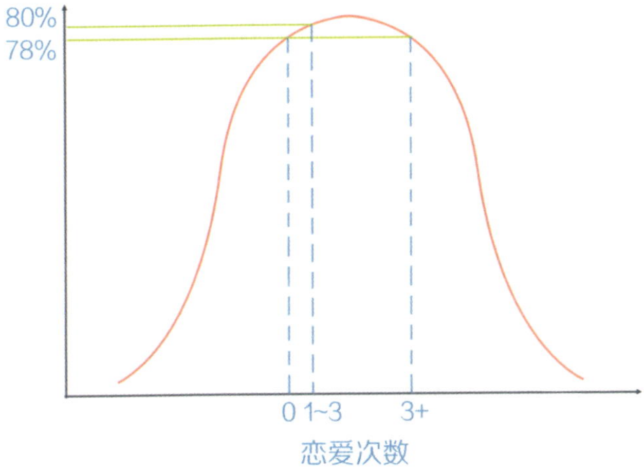

如果你的恋爱史还是一张白纸或是超过三次，你更可能相信并等待灵魂伴侣的出现。

6 果壳人最相信灵魂伴侣

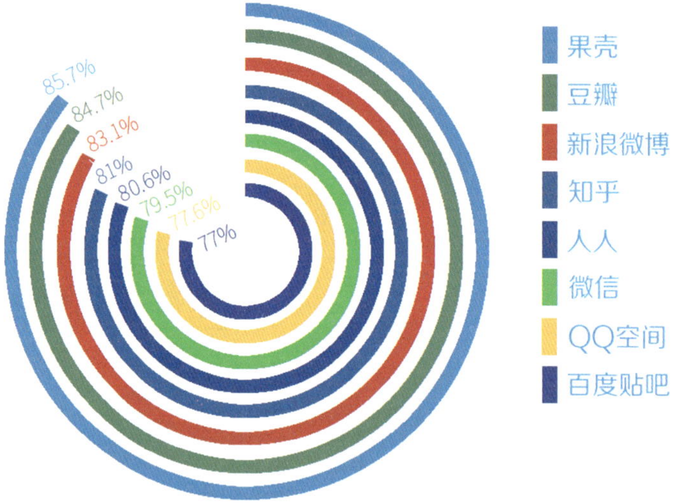

7 有对象的人，很大一波只找到搭伙过日子的人

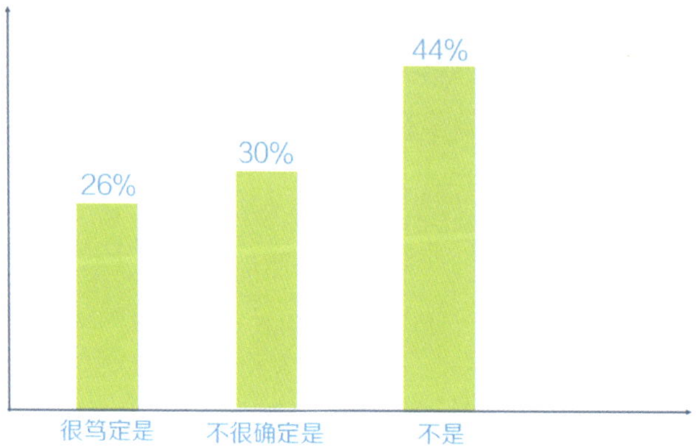

另一半是你的灵魂伴侣吗？

8 仅有 16% 的人，要一根筋地等待灵魂伴侣的出现

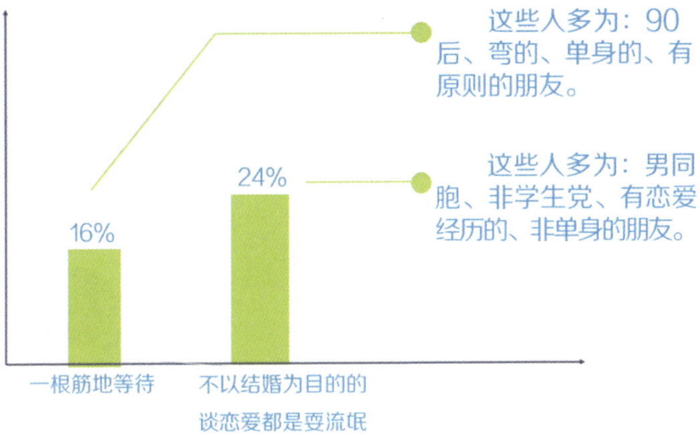

当你发现你的另一半其实不是你的灵魂伴侣时，你会怎么办?

如果你是单身，你觉得自己到时肯定会断舍离

如果你已经有主，你很可能就将就将就了

如果你是暧昧，一切就不那么好说了……

结语

灵魂伴侣可以成为爱开始的地方，也可以成为爱结果的地方。它可以是电光火石的短迅，也可以是水滴石穿的绵长。不过最重要的是，寻找灵魂伴侣并不是终点，终点是契合发生时的幸福。

（文案：张晓）

那些你误以为的同性恋

1. 什么是性取向，什么是性行为

性取向是一种直觉，它是先天的、持久的、稳定的，个人可控性很低。

性行为是一种行为，个人高度可控，同性取向的人可能和异性发生性行为，异性取向的人可能和同性发生性行为。

与同自己性别相同的人发生性行为，并不必然地被认为是同性恋倾向，而仅是同性性行为。

2. 同性恋定义的发展时间线

从黑暗，到光明

1896年

同性恋被认为是心理疾病或变态。

1952年，1968年

DSM-I（《美国精神疾病诊断标准》）和DSM-II认为同性恋是不同程度的性变态。

1973年 DSM-III

正式把同性恋从中去除。

1990年5月17日 ICD

ICD国际精神疾病诊断标准（世界卫生组织编制的诊断标准）将同性恋从疾病列表中删除。同日成为国际不再恐同日。

2001年 CCMD

CCMD中国精神疾病诊断标准正式把同性恋从中去除。

2009年 APA

APA（美国心理协会）指出：不同于性别认同倒错，同性之间的吸引、爱慕及性欲都是人类性特征的正常表现。

截至2014年12月，

全球一共有17个国家承认同性婚姻合法（不包含英国部分同意的情况）。

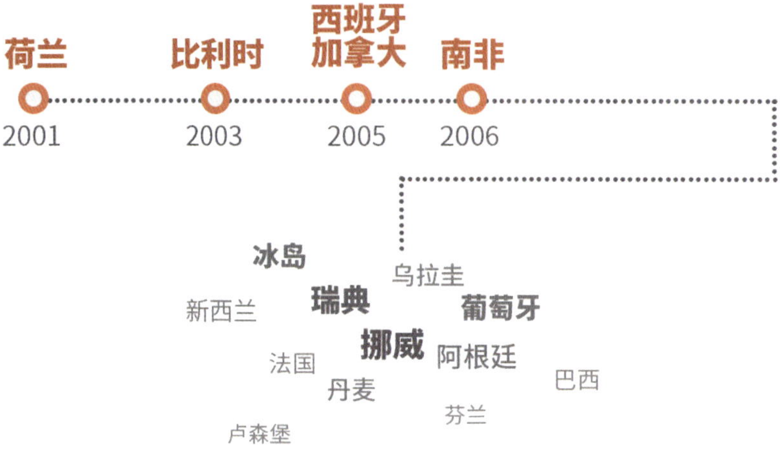

2015 年全美国同性恋婚姻合法化。

2013 年英国女王同意英格兰与威尔士同性婚姻合法化。

3. 同性恋的比率

由于不是所有的同志都愿意公开，所以这里是保守数字及推测数字。

美国：3.8% 为 LGBT

LGBT 是女同性恋者（Lesbians）、男同性恋者（Gays）、双性恋者（Bisexuals）与跨性别者（Transgender）的英文首字母缩略字。

以“腐”著称的英国

1.5%成人承认同的身份；
0.4%成人承认自己是双；
1.3%说自己是“其他”；
3.6%说不知道，或者拒绝回答；
0.2%绝对沉默；
2.7%16～24岁的小朋友也承认自己是非异身份。

其他国家

同性恋的比例都不超过10%。

4. 被误解的同性恋

食指长度>无名指 直女
食指长度=无名指 双女
食指长度＜无名指 弯女

手指纹脊
不同于直

False
外在表征

头漩涡的位置
与直的不同

是左利手

...and
形成原因

综合作用

专制妈妈 + 没地位爸爸培养的男孩更容易成为同性恋者。

幼年性经历会影响成年的性取向。

小时候如果被同性恋者诱导、强化，长大了则会有同的倾向。

以上某些说法可能受精神分析或行为主义的支持，但是都不受现代科学研究的保护。

我是科学分割线

Truth

同卵双胞胎（65%） 比 异卵双胞胎（15%）

有更高的比例同时成为同性恋

母体

环境

包括母体的子宫、免疫系统和激素水平

(1)

母体的雄性激素超标与否：无论是男婴还是女婴，如果在出生前暴露在很高雄性激素的环境中，成年后会更倾向被女性吸引。

(2)

患肾上腺皮质醇增生（CAH）的妈妈，如果怀上女宝宝，女宝宝很有可能发展成为同性恋。因为这样的妈妈肾上腺皮质醇会转化成雄性激素。

(3)

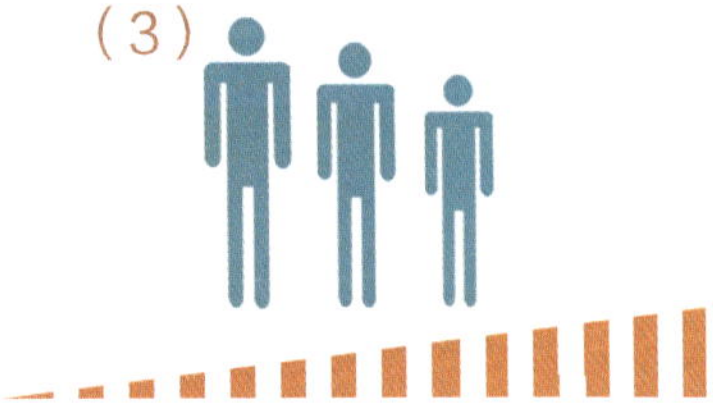

亲哥哥越多，右撇子的弟弟是同性恋的可能性越大。这是妈妈在怀孕期间，自身免疫系统在无意识的情况下排斥男性的Y染色体而导致的结果。

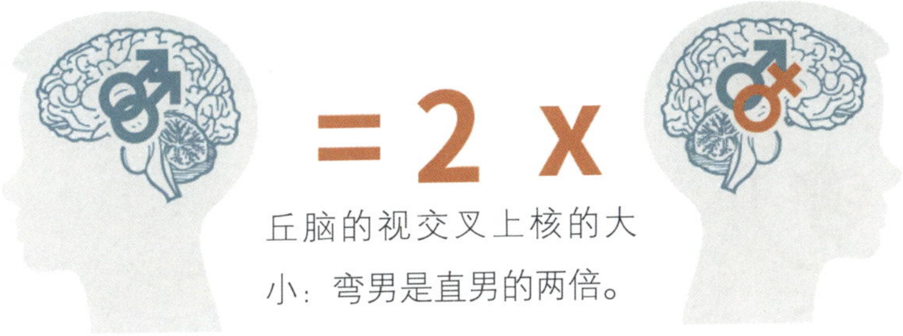

丘脑的视交叉上核的大小：弯男是直男的两倍。

直女的 OAE（耳蜗发出声音）比弯女的声音更强，频率更大。

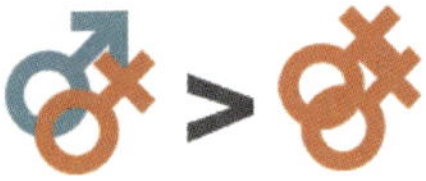

研究发现，似乎确实有 Gadar 这种东西的存在。即，在茫茫人海中，快速扫一眼就知道你是直是弯。不过，首先，你自己得是弯。

以上才是受科学研究保护的部分！它们都与你的成长无关，都是出生前形成的。

5. 同性恋与HIV

女女之间的性行为比男女之间性行为导致感染 HIV 的概率还要低。

男男之间如果使用 condom，是可以有效防止 HIV 的蔓延的。

男女之间也能传播 HIV。

HIV 不仅仅通过男同性行为传播，还有血液传播、毒品、母婴传播等等。

结语

我就是我，是不一样的烟火。

这个世界，有不同才能缤纷与多彩，有不同才有继续演化的动力。

虽然强制包容与理解是一种专制，但如果你对这个群体充满情绪，那么请关注自己的情绪。究竟是什么让你如此激动地支持它？又是什么让你如此激动地抗拒它？你看到的世界，其实是你内心的样子。请用平常心来看待这个世界。

（文案：张晓）

做一个男妹纸/女汉纸是怎样的体验？

1. 有下面两个问题，请务必认真地回答我。

Q1：你是男人还是女人？

A. 男人　　B. 女人　　C. 其他

Q2：你是男性化的还是女性化的？

A. 男性化　　B. 女性化　　C. 其他

我是严肃的分割线

性别差异≠性别认同差异！

性别认同差异，是由文化和教育引起的两性在社会性和心理上的差异，或者叫社会性别差异。

2. 获救的“男妹子”及“女汉子”们

20世纪70年代以前，行为科学家们普遍认为，人们的性别认同不是彻底的男性化就是彻底的女性化。

一维观

高女性化 ←→ 高男性化

为了达到心理健康的最佳状态

男人应该尽可能表现出男子气概。

女人应该尽可能有女人味。

这种传统的一维性别模式受到了安妮·康斯坦丁诺普尔（Anne Constantinople）的挑战。

二维观

低女性化（女汉子） → 高女性化（女神）

低男性化（男妹子） → 高男性化（硬汉）

她指出，男性化和女性化应该成为衡量人类性别的两个独立维度。一个人可以同时兼具男性化及女性化的特征。

这一观点解放了大批的“男妹子”及“女汉子”们，他们总算可以放下对自我的怀疑，不必再去担心自己是一个

~~“不值得被爱的、怪异的人”~~

3. Bye！简单粗暴的两性定位

当然，男妹子及女汉子始终是一种标签，真实的“人”要比之复杂百倍。斯坦福大学的桑德拉·贝姆（Sandra Bem）提出了“双性化”（Androgynous）一词，她通过“贝姆性别角色量表”（BSRI）来测量人们的双性化特征。

结果发现，大多数人既不是“纯爷们”，也不是“纯娘们”。

被试中男性化、女性化和双性化的百分比

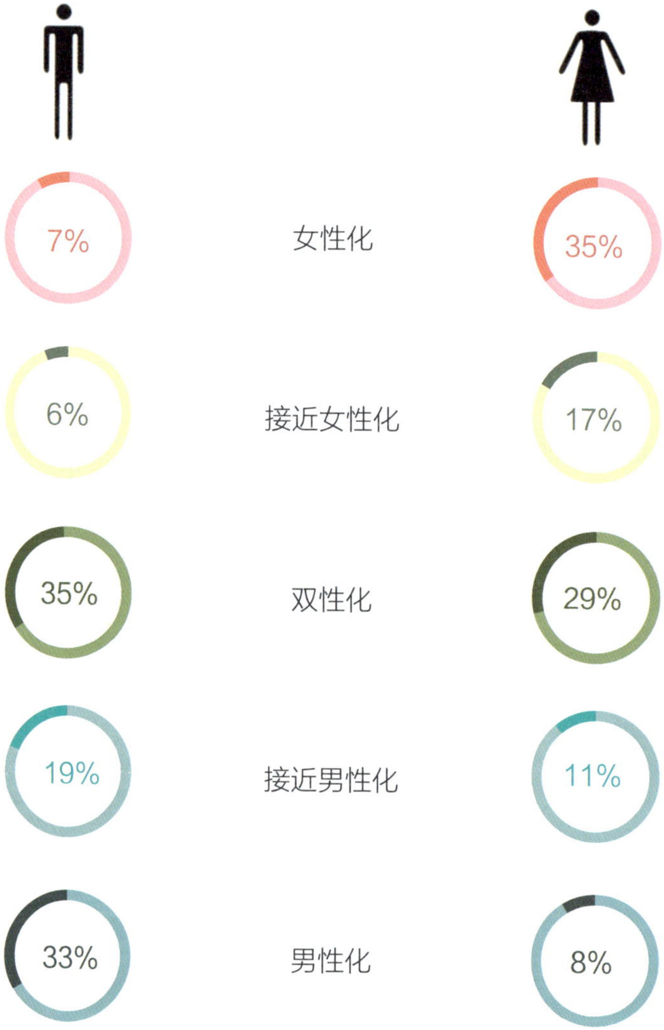

是时候进行一场华丽的转身了！

工具性特质	表达性特质
自信	热情
独立	温柔
有抱负	有同情心
领导力	亲切
果敢	敏感
（不仅限于男性）	（也不仅限于女性）

低表达性的人很难表现出温柔和热情。

举个栗子

我感冒了。

多喝水。

我姨妈痛。

多喝水。

低工具性的人往往不如那些高工具性的人自尊程度高和适应能力强。

再举个栗子

这个项目谁来挑战一下?

啊，千万不要选中我。

双性化的人在两种情况下都可以驾驭自如。

举两个栗子

我感冒了。

宝贝，真心疼你。我今天一下班就过去看你。

这个项目谁来挑战一下?

我能行!

他们比传统型的男女更快乐，心理调适能力也更强。

结语

分析心理学家荣格为双性化涂写上了浪漫的一笔。他认为，人们生来具有异性化的气质倾向，这种倾向是潜意识层面的，通过遗传方式保存下来。

男性心中，存在着“阿尼玛”(Anima)的女性意象，借助于此，他得以体会到女性的本质。

女性心中，则存在着“阿尼姆斯”(Animus)的男性意象。

人们一生都在寻找心中的那个意象原型，寻寻觅觅，失落又怅惘。直到他们终于在一个异性身上，体会到久违的、难忘的深情。

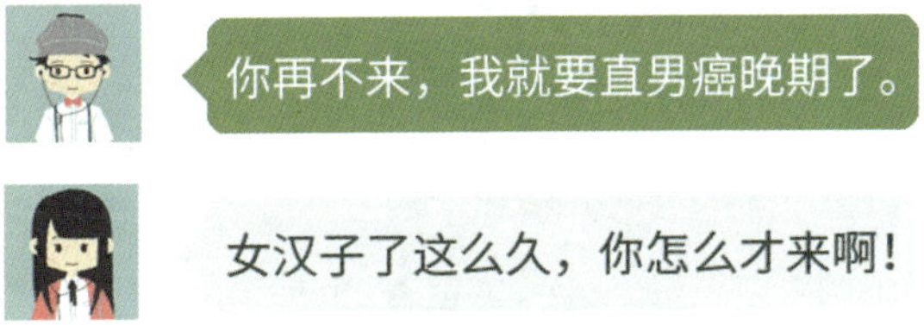

（文案：倪雅琪）

你我之间，只有一个谎言的距离

1 “不可以说谎哦，不然鼻子会变长的哦~”

我们生活在一个被谎言所笼罩的世界里

关于谎言的真实数据

一天当中，一个人被欺骗的次数从10~200次不等。

60%的人在10分钟的交谈中平均撒谎2~3次。

外向的人比内向的人撒谎次数多。

男人和女人的撒谎频率差不多。

女人倾向于为了取悦对方而撒谎。

男人倾向于为了自吹而撒谎。

（男人关于自我的谎言比关于别人的谎言多出了8倍。）

2 白色谎言是潜意识里的脆弱呼唤

WHITE LIE

在这些层层叠叠的谎言中，有一部分特别的存在，即，白色谎言。

白色谎言又称“善意的谎言”，

是基于利己之上的利他动机而存在的，

是说谎者潜意识里的脆弱的呼唤。

3 鸟儿舔舐羽毛，人们整饰自我

印象管理（Impression Management），是指人们试图管理和控制他人对自己所形成的印象的过程。

人们通过印象管理的策略来整饰自我的面貌，竭力维持一种与当前社会情境相吻合的形象，以确保他人对自己做出正面的评价。

（1）获得性策略

试图使别人积极看待自己的策略。

【讨好】

你妈和我同时跳进水里，你会先救谁？

这还用问，当然先救你了。

（白色谎言）

【威慑】

妈妈，我不想睡觉。

你再不听话，大灰狼就要来抓你了。

（白色谎言）

（2）保护性策略

尽可能弱化自己的不足或避免使别人消极看待自己的防御性策略。

【合理化理由】

我昨晚给你发微信了，你怎么没回我啊？

我刚看到微信，哎，不好意思。

（白色谎言）

【自我妨碍】

拖延症者，在很大程度上来说，是熟谙自我妨碍策略的人。拖延症则是由这种谎言所结出的“果实”。

当一件事的成败结果不确定时，他们会在做这件事的过程中自行设置障碍，从而为随后的结果提供一个外部的解释理由。

不是我不行，是我没有足够的时间来做这件事。

要是我像隔壁家的小明那样努力，我会比他更加出色。

4 由lie走向believe

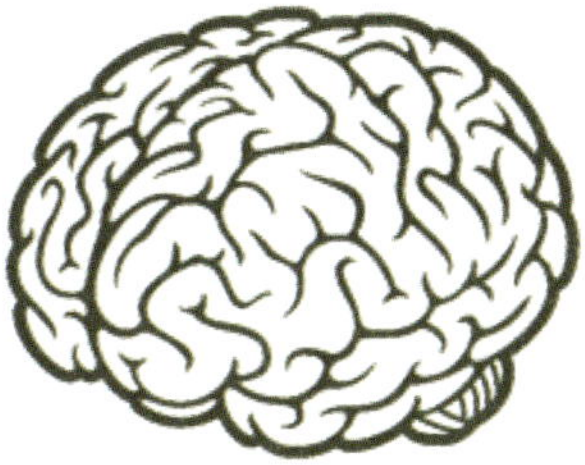

谎言几乎成了人类生存的必备品。物种智慧越高，大脑皮层面积越大，就越有可能说谎。

一些手段或许能够帮助人们来识破谎言：眼球追踪仪、红外线脑部扫描仪、磁共振成像技术、与微表情识别相关的视频及书籍……

但你又将如何驯化一颗敏感的、脆弱的心的主人，令他关上谎言的阀门，永远对你吐露真情？

心理学家亨利·哈罗在恒河猴实验中发现

爱和情感可能是与饥饿和口渴一样强烈的基本需要，抑或比它们更强烈。

相比能提供食物的“铁丝妈妈”，幼猴更愿意依恋着“绒布妈妈”，在那里体会到安全和信任感，无所顾忌地自在玩耍。

长大之后，每个人都在寻找这样的依恋关系：在一个让我们感到足够安全的怀抱里，展露真实的自我。

结语

谎言搭建起世界的基本框架，红男绿女游走其中，形如魅影，汲汲奔忙。

有时候，谎言所折射的光芒，亮若白昼，几乎令人眩晕。

但如果你真正见过白昼，拥抱过真实所带来的亲密感，你会开始想念——

那个明亮的世界。

（文案：倪雅琪）

第4部分

失效的连接

“有病”症候群

与其说人人都有病，不如说许多“病症”都源于我们的不了解。有些“病”，不能放弃治疗；有些“病”，仅仅只是不同。

你以为你心理不正常，你就真的不正常了吗？

1 你以为你不正常，你就真的不正常了吗？

当嫌疑犯称自己心理不正常时

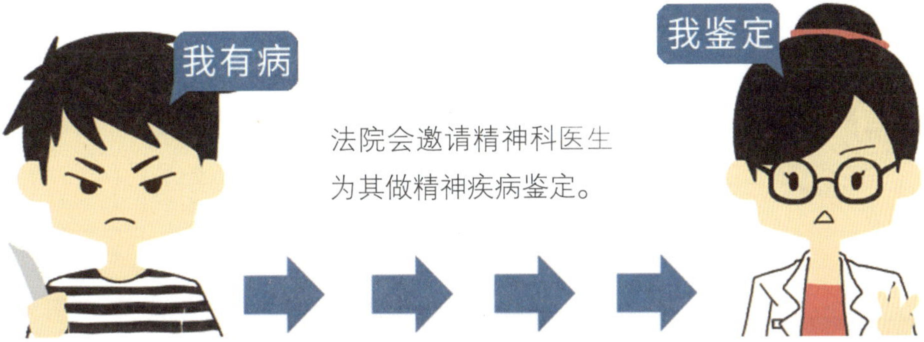

根据我国《刑法》第十八条规定，必须同时满足三个条件：

必须是符合《精神障碍者刑事责任能力评定大纲》的精神病人犯罪。

如：妄想症患者。

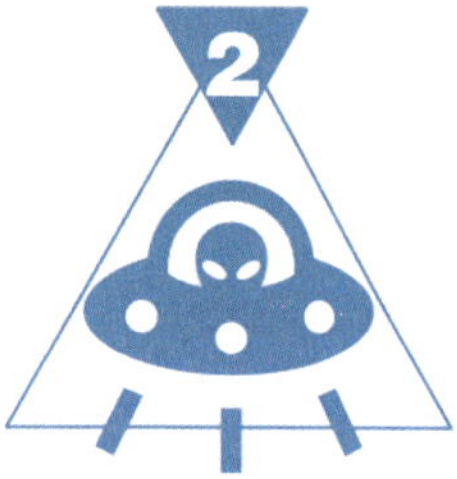

必须是病发时犯罪，且行为与病情直接相关。

如：以为对方是外星人派来抓自己，而袭击对方。

必须经法定程序鉴定。

你犯罪，即使你说自己心理不正常，

但多数情况下，你还是得负责任。

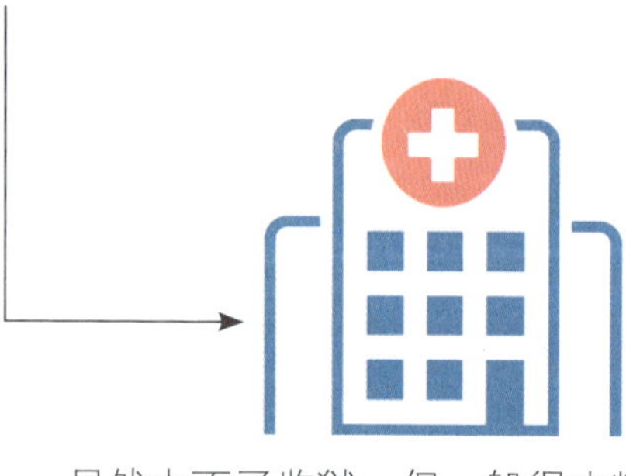

虽然去不了监狱，但一般得去精神病院。

2 心理不正常等于心理不健康吗？

西格蒙德·弗洛伊德

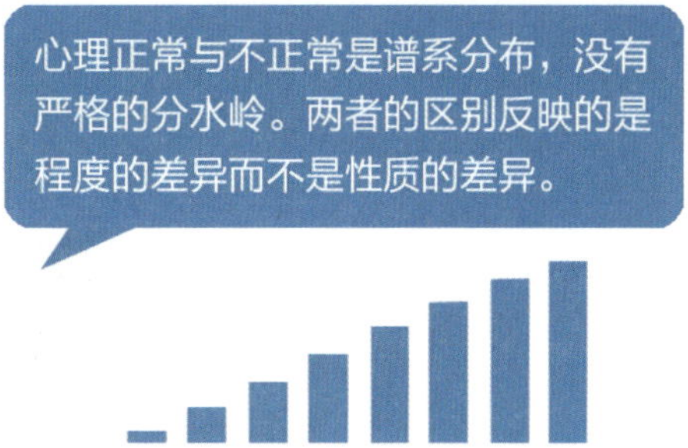

到底有多少人心理异常？

按浙江、山东、青海、甘肃四省流行病学调查结果推算，我国……

心理不正常 = 心理不健康么？

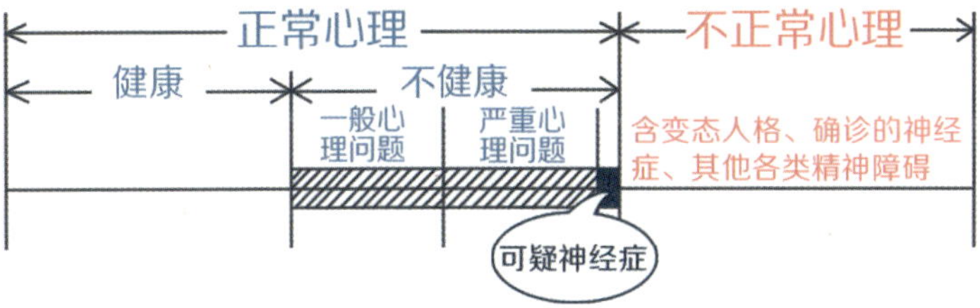

心理健康与不健康都属于心理正常的范畴，心理问题属于程度较轻的心理不健康，精神障碍更像是广义的心理不正常。

3 如何断定一个人心理不正常？

1 个问题

一个心理正常的人需要在一个他认为全是疯子的国家生活，他该怎么办？

2 个必须考虑的方面

所处社会的规范、文化及情境；

既往的心理状态与行为方式。

3 个可供参考的标准

标准一：个人经验的标准

自己觉得自己心理不正常。

别人都觉得你不正常。

标准二：统计学标准：天才是心理异常？

统计学标准来自心理测量的结果。根据统计学标准，人口中心理正常和异常呈正态分布。

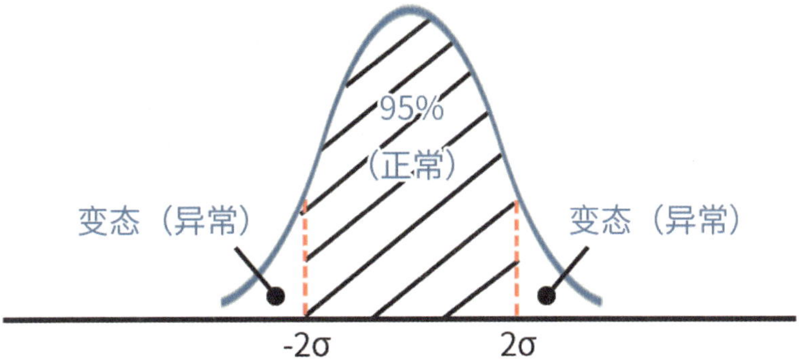

图中所示心理异常的人群约占总人群的5%

天才≠心理异常

这种标准存在一些缺陷，如，高智商的人属于这 5% 的群体，但很少被认为是心理异常的。

谢耳朵的智商为 230，但我们只是觉得他是讨厌的天才而已。

标准三：客观检验的标准：将症状数量化

通过解剖找到器质性或分子层面的根据

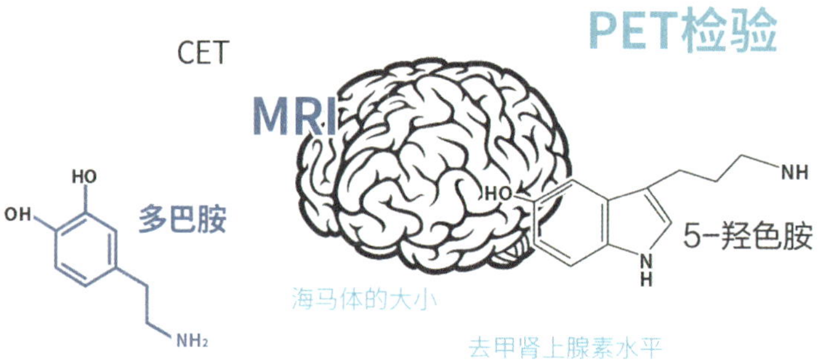

通过分析以上结果来帮助判断

关于那个两难问题的官方答案：

他选择“正常”的生活，把自己也变成疯子，也就是适应环境去生活。

结语

从正常到不正常是一个连续谱，而正常本来也是社会化的一个标签。想要辨认出什么是正常，什么是不正常，不同的标准下有不同的答案。

社会文化要求我们表现出的是一个井井有条、泰然自若、光彩照人的自我，就像大多数人认为的标准那样。这就造成我们在不能达到期望时，失去耐心，甚至感到自我厌恶。而这也许是我们走向不正常或害怕不正常的本源。

（文案：张晓）

发神经不是病，更有可能是神经症！

① 神经症≠神经病≠精神病

你发神经啊！

这是一句粗口

你有精神病啊！

这是质的变化，
从正常区飞跃到疯人院

而精神分析学家们倾向于认为，神经症病人与正常人没有质的不同，只有量的差异。

他们看起来衣冠楚楚，很可能面带微笑，举止优雅，但他们的内心却被巨大的焦虑感所淹没。

② 神经症看起来很像是神经病

焦虑是神经症的基本情绪，也是其动力中枢。

这种焦虑并不触及现实的、道德的层面，而是关涉内心所感受到的处境，是一种非理性的、变形的冲突。

比如：

每天都坐立不安，担心吊扇会掉下来砸到自己。

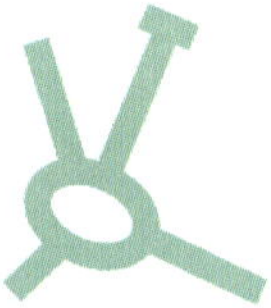

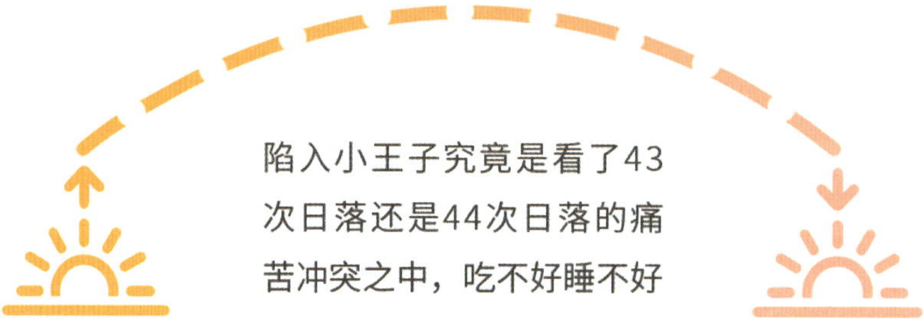

陷入小王子究竟是看了43次日落还是44次日落的痛苦冲突之中，吃不好睡不好

神经症病人经常为鸡毛蒜皮的小事而痛苦，这让他们看起来很像是“神经病”。

③ 神经症是一件很严肃的事情

当然，心理冲突的变形，只是神经症的必要条件。

许又新教授提出了鉴别神经症的“简易评定法”

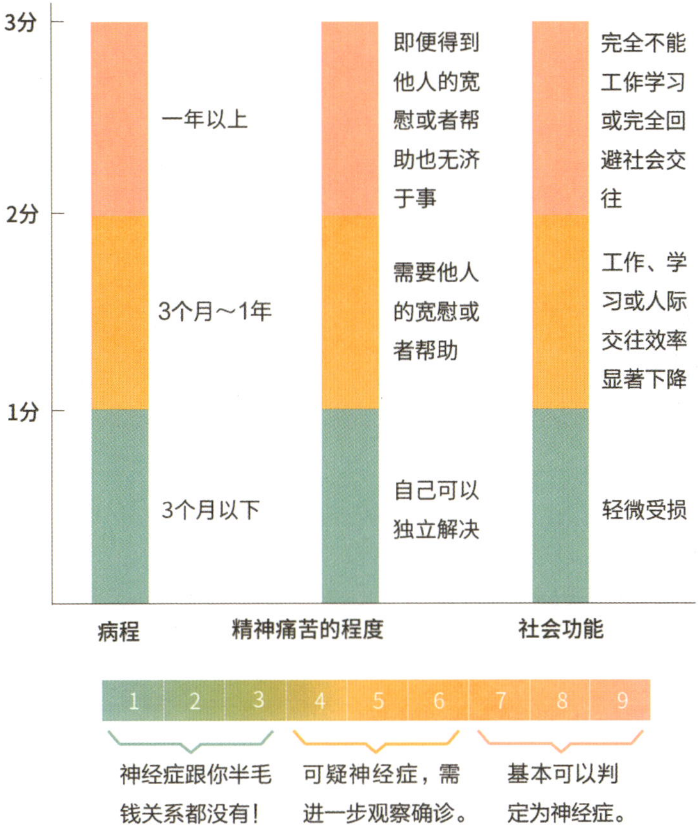

④ 看它七十二变

神经症有很多种类型，比如：

各种病症恰如孙悟空的七十二变，变来变去，但也不过还是那只被妖魔化了的死猴子。

卡伦·霍妮认为，神经症病人为了对抗焦虑，建立起种种防御机制，构筑起虚幻的、理想化的自我意象。这有饮鸩止渴的作用，却也让他们一步步地背离了真实的自我。

结语

如果真的被神经症盯上该怎么办？

放松一点，哪怕一点点都好。之后，试着在“理想自我”与“现实自我”之间找到一个平衡点吧。如果你已经是一只死猴子，那么通过月光宝盒也无法逃离现实了。不如就跟着你的治疗师（唐僧），走一段西天取经之路吧。

（文案：倪雅琪）

抑郁症这只黑狗

抑郁症 是一种常见的心境障碍，
以显著而持久的心境低落为主要特征。

CCMD-3（《中国精神障碍分类与诊断标准》，2006）列出了抑郁症的相关诊断标准：

同时满足心境低落和以上任意4种症状，且抑郁发作持续两周以上，即可能被诊断为抑郁症。

惊人的数据

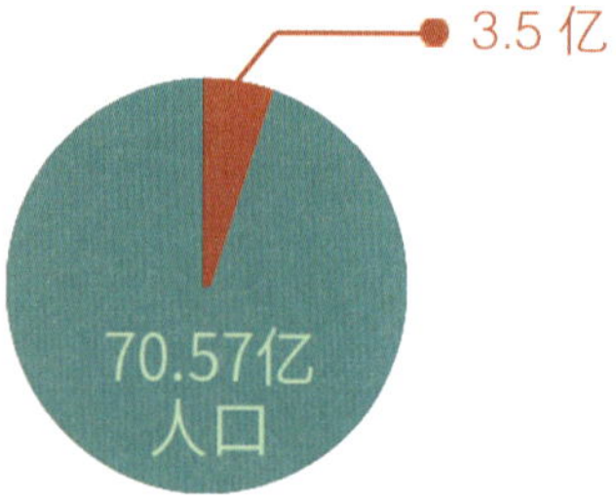

全球约有 3.5 亿抑郁症患者。最严重时，抑郁症可导致自杀。

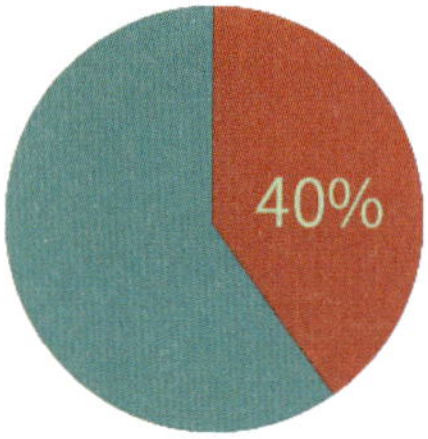

大约 40% 的抑郁症患者有遗传倾向。

抑郁症的终身患病率

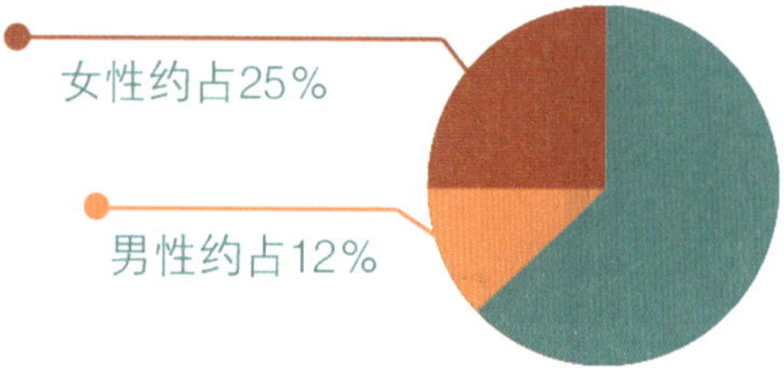

约有10%～15%的女性在产后半年内伴有抑郁症状，怀孕期间抑郁患病率更高。

全球每年因自杀而死亡的人数高达 100 万人
平均每 300 秒就有 1 人自杀。

60%的自杀者此前处于抑郁状态

90%的自杀者有心境障碍

误解 vs 理解

抑郁症不是…		抑郁症是…
	它就那样出现了。当它出现时，就像一场心灵感冒，可以俘获任何人的健康。	
 单纯的“心情不好”	它是一种疾病，有着深刻的生理与生物学根源，与多巴胺、去甲肾上腺素、5-羟色胺的分泌异常有关。	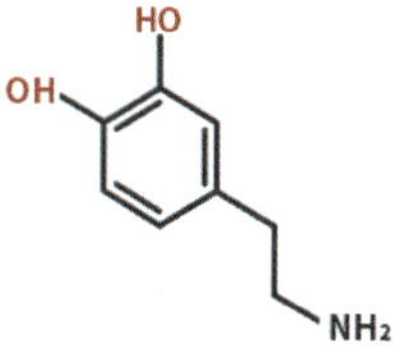
 一种情绪	众多情绪感受失常的并发状态。它包含的不仅仅是沮丧或哀伤，还包括低落、疲倦、焦虑、自责、绝望等。	
 由单一因素所致	有很多可能的起因，包括大脑对于心境的错误调节、基因易损性、生活中的压力事件、药物以及药物滥用问题等。	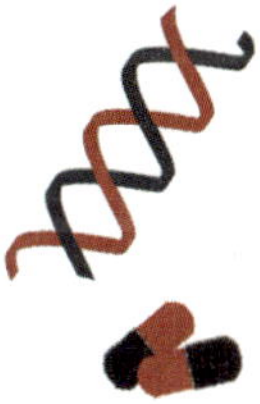

提供有效的陪伴

抑郁症意味着缺失，没有感受、没有回应、没有兴趣。对抑郁症患者来说，日子是灰暗的，他们失去了活力，甚至也一点点地失去了家人的陪伴与支持。

DO NOT:

不，不要让那个支持系统坍塌。不要告诉他……

想开点。

别钻牛角尖。

你太脆弱了。

DO:

给他一个拥抱

你看起来正在经历一件糟糕的事情，我想让你知道，我会一直在这里，陪伴着你。

结语

医学界有句名言："偶尔能治愈，常常能帮助，总是在安慰。"医身如此，医心也如是。

对抑郁症患者来说，可能会长期生活在"变好"和"治愈"之间的状态。当无法驱散内心的那只黑狗时，不妨释然，微笑着对那只黑狗说："嗨。"

（文案：倪雅琪）

自闭症者，孤独得像一颗星球

1. 迟来的认识

自闭症作为一种具有生物学基础的广泛性发展障碍，起病于婴幼儿早期，绵延整个一生。

1943年，

美国利奥·坎纳（Leo Kanner）教授发表论文《情感交流的自闭性障碍》，最先报告了关于自闭症的详细研究。

从那时起，自闭症才开始被科学界所定义，慢慢进入人们的视野中。

1982年，

国内报告了关于自闭症的第一个案例。

至今，仅有70余年的历史。

2. 庞大的数据

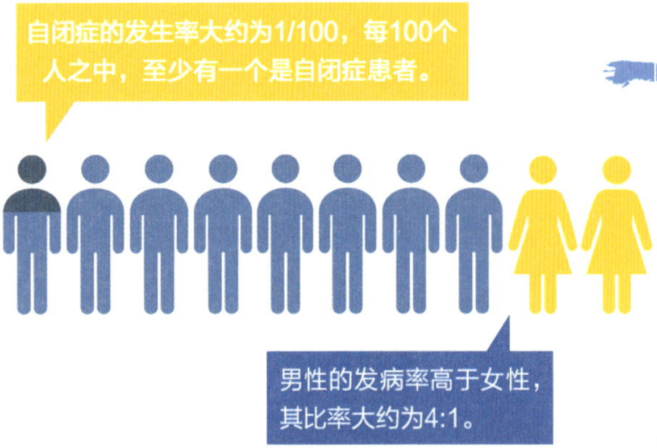

3. 被放逐的群体

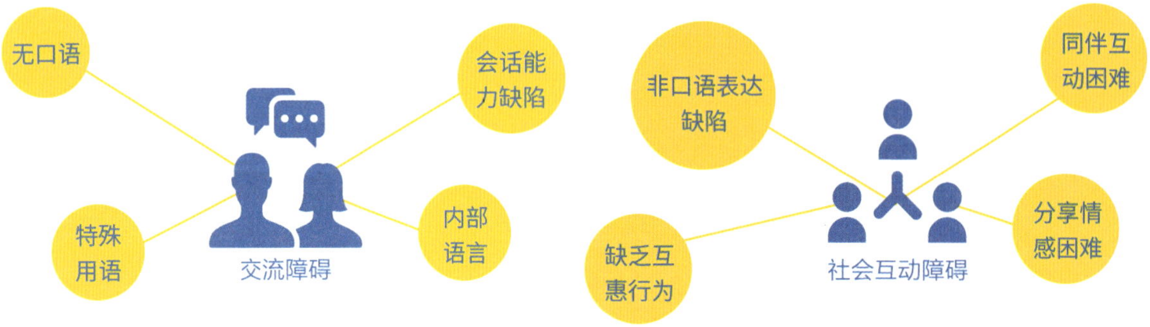

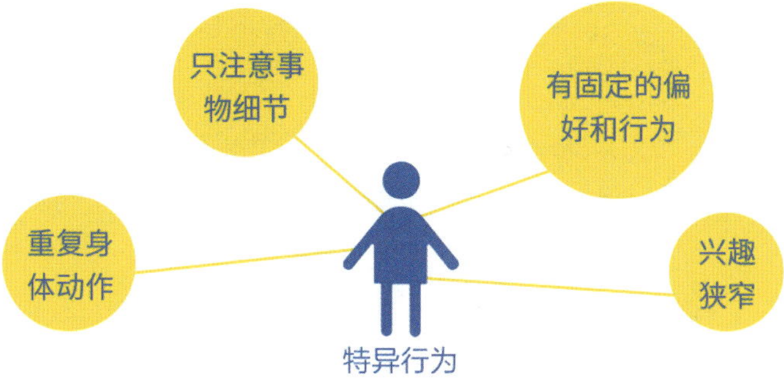

他们过着普通人所难以理解的生活

眼神空洞，似乎目不见物；

表情呆滞，似乎耳不能闻；

行为刻板，像钟摆一样重复……

他们活在自己的世界里，与外界隔离，就像被永远地放逐了。

4. 无法触碰的陌生世界

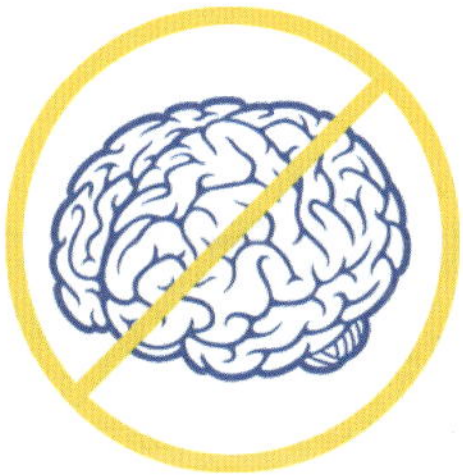

不是每一个自闭症者都拥有雷蒙·巴比特或者周玮那样的超强大脑。

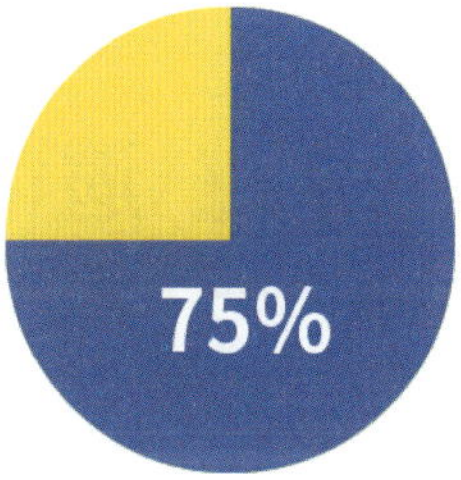

事实上，自闭症群体中大约75% 的人伴有智力障碍。

他们难以触碰这个陌生而浩大的世界，经常活在恐惧之中，伴随着焦虑、愤怒，甚至抑郁。

他们借助“自我刺激性”的行为，来慰藉内心，求得平静。

5. 艰难的处境

自闭症的病因尚未清晰。一般认为，自闭症与下列因素有关：

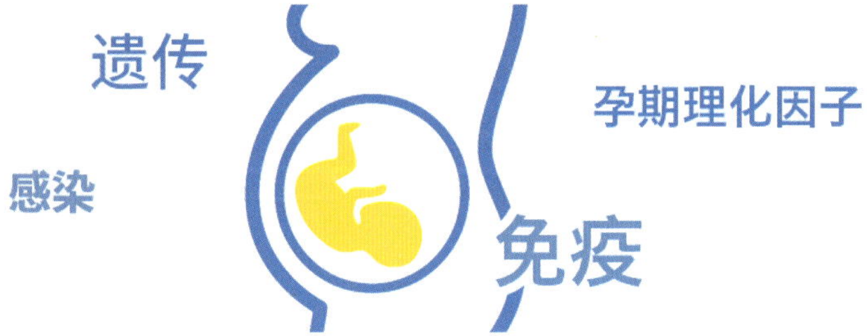

目前还没有发现治疗自闭症的有效手段。通过行为康复训练，一些自闭症孩子能够具备参与社会生活的能力。

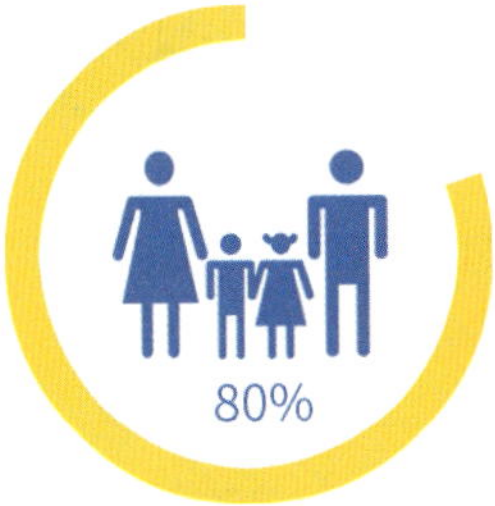

80% 的家庭需要自行承担高昂的费用。

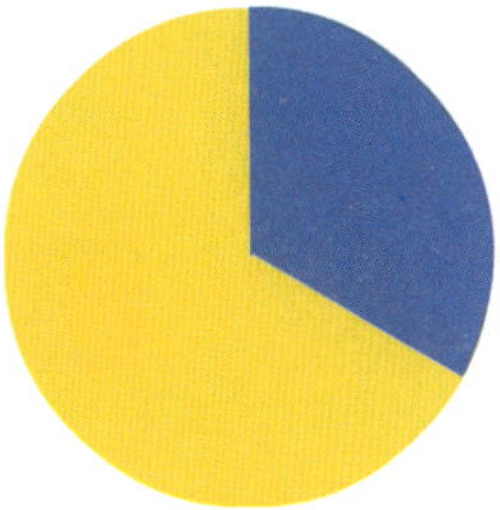

1/3 的家庭几乎将全部收入用于康复训练之中。

结语

每年的 4 月 2 日是世界自闭症日，全球各地有 6 700 万颗星星，在这一天因他们微弱的光芒彼此相连而被“看见”。但当这一天消逝，夜幕下孤独的人，或许仍将重新栖于黑暗之中。

上帝关上了一道门，他们失去了与外界的天然连接。如何切近地了解他们？如何真正地帮到他们？在一重一重的距离之外，如何才能传递出你的善意与温柔呢？

“我知道，你只是跟我不一样。”

（文案：倪雅琪）

如何科学愉快地逼死强迫症？

1. 有强迫症不好吗？你们为什么要逼死它？

能成“症”的多半不好

对自己不好

感到抓狂与痛苦；不能工作，不能学习、不能社交；大把时间浪费在“仪式上”；自残。

对别人不好

易让人感到压抑；可能伤害别人（对于那些有强迫冲动的患者）。

腹黑理论

破坏别人的规矩能让人产生更有权力的错觉。

娱乐至死

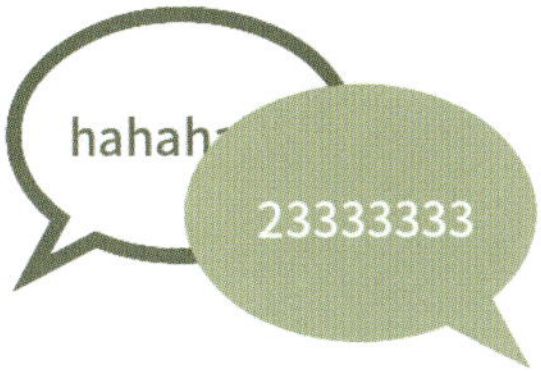

尼尔·波兹曼认为，现实社会的一切公众话语日渐以娱乐的方式出现，并成为一种文化精神。

认知失调脑洞版

“逼死”说不定真有“疗效”

“逼死”类似于心理治疗里的满灌疗法：让强迫症患者突然暴露在大面积杂乱无序的世界中，说不定能起到以毒攻毒的奇效……

2. 强迫症究竟是什么鬼，可以吃的吗？

当·然·不·可以·吃！

但是，一个叫碧拉的埃塞俄比亚女孩因强迫症发作吃掉了家里一整面墙。

强迫症的英文=Obsessive-Compulsive Disorder= OCD

强迫症是焦虑障碍谱系中的一种

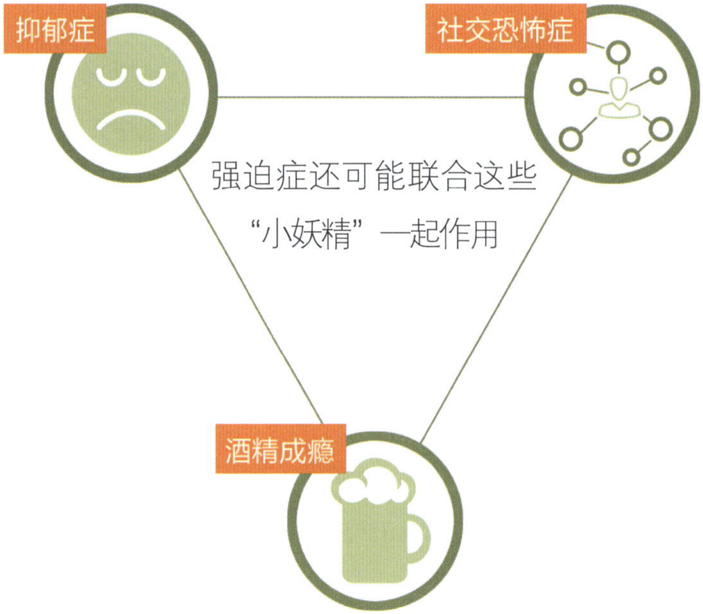

可以通过以下标准诊断

《美国精神疾病诊断标准》

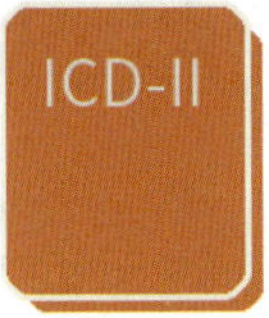

《ICD 国际精神疾病诊断标准》

《中国疾病诊断标准》

强迫症分为

强迫观念

想摆脱却无能为力，处于纠结与担忧之中，有的还很不现实，如：到底先有鸡还是先有蛋……

强迫行为

多是为降低担忧而发生的仪式化动作，如强迫症患者 A 下午 2 点出门，4 点时却还在门口，因为他不停地考虑先迈出哪条腿的问题。

3. 那些检验狂、洗手狂，购物狂都是你们逼死的目标吗?

不全是。除症状外，我们还需要考虑是否影响到个体

心情

社会功能

如何区分强迫症患者和剁手党?
关键指标看下面：

潜在目标A

潜在目标B

 买买买	爱好	 买买买
 不管实用，只想买	性质	 不管实用，只想买
觉得这样不好，但是控制不住	思维	没觉得有什么不好
 焦虑不安、抓狂、纠结	心情	 开心、情绪高涨

¥5000	月工资	¥5000
2w BUY	月消费	2k BUY
 不能保证工作效率	工作状态	 可以保证工作效率
疑似的强迫症患者	可初步判断	情不自禁的剁手党

4. 强迫症究竟怎么来的?

原因很复杂，除了基因遗传之外，还要考虑如下因素：

个人成长因素

遭遇情感、躯体或性方面的虐待；被忽视；被取笑；被欺凌。

心理因素

自我责任感过强、控制狂、对不确定性缺乏耐心。

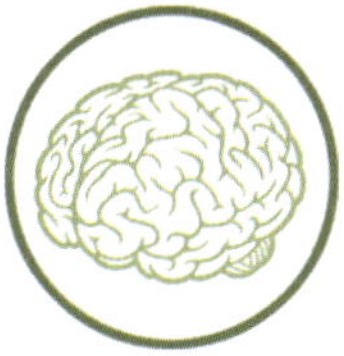

神经与脑

脑肿瘤、脑内伤、舞蹈病。

特殊时期

孕期及产后。

5. 如何科学地逼死强迫症?

方法一：用药逼死

寻找专业医生开药：如 SSRI 类（百忧解、帕罗西丁）、氯丙咪嗪。

行为：

暴露与反应阻止法。

方法二：用心理学逼死

森田疗法 顺其自然，为所当为。

认知行为疗法 改变认知，塑造行为。

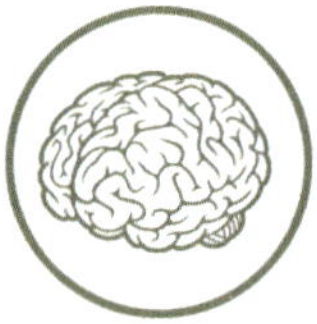

认知：

理性情绪疗法（注意力重新分配、恢复认知平衡）。

结语

“他到底爱不爱我？一瓣、两瓣、三四瓣……”有时强迫只反映我们的焦虑。洁癖也许只是爱卫生，反复检查也许只是谨慎。正常与不正常原没有严格的区分，当我们欢乐地“逼死一个强迫症”时，我们“逼死”的很可能是萌萌哒谢耳朵：

砰砰砰，Penny；砰砰砰，Penny；砰砰砰，Penny。

Bazinga！

（文案：张晓）

我有公主病，我任性怎么啦？

1. 开扒：“公主病”是什么鬼？

看上去	实际上
萌萌哒	心理年龄滞后于实际年龄
任性自我	过高的自我膨胀
爱臭美	明显的自恋倾向
装无辜	有问题常归于外因
只想做个安静的美女	缺乏责任感
情商低	感受他人情绪及控制自己情绪的能力较弱

2. 变形：三类“公主病”

控制型公主

喜欢控制、影响周围的人，做事刁蛮任性。

容易发展成“闪离族”。

依赖型公主

缺乏自理能力，多依赖他人，社会适应能力较差。

容易发展成“啃老族”。

创伤型公主

童年受过创伤，感受他人的能力较低，性格偏男性化，有较强的攻击性。

容易发展成“暴走族”。

3. 初探：一开始你说我是“公主病”，我是拒绝的

“公主病”＝“公主症候群”

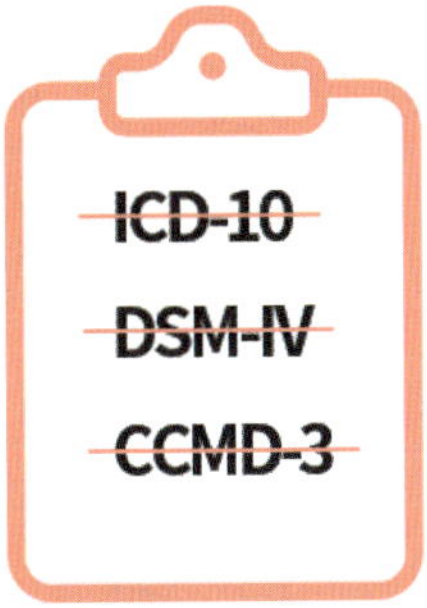

上述都没有关于“公主病”的描述

与其说“公主病”是一种“病”，不如说是症候群。其主要表现为：

性格方面的缺陷

人际交往方面的障碍

对生活产生影响，但并不是直接的。

“公主症候群”≠“彼得·潘症候群”

“彼得·潘症候群”俗称“成人幼稚病”

是指那些即使年纪已经很大，但行为与个性却还表现得像小孩子的人。

“公主症候群”的突出表现是

自我感觉过于良好。

“彼得·潘症候群”的突出表现是

不愿长大。

4. 深扒：有爱就任性?

“公主病”大多是家庭教养的产物

+ > -

小公主们得到的正向反馈一般远远大于负向反馈，这使她们形成了**“以自我为中心”**的行为模式。

长大之后，她们无法积极应对外界的负向反馈，会选择用逃避或者强力反抗的方式来缓解人际压力。

逃避

我不羡慕别人比我成熟，那是因为一路走来，他们遇见的坏人比我多。

强力反抗

河东狮吼：“我就是作，作死你！”

结语

成人之后，你失去了扶持与依傍，需独自经历生活的波澜。他人未必如你所愿，世界也未必如你所想。偶尔做一场公主的梦，也算是一个善意的宽慰。但若时时沉浸其中，以自恋为半径去画人生的圆，那么你就会受困于这个圆中，不得解脱。

（文案：倪雅琪）

世界已经被玛丽苏承包了

如果移除了障碍，人会自然地发展为成熟的、充分实现自我的个体，就像一颗橡树籽成长为一株橡树。

——卡伦·霍妮

玛丽苏（Mary Sue）出自国外的同人小说圈，是创作者自恋情结的产物。在故事主线中，女主完美地移除一切成长的障碍，充分实现自我，最终发展为橡树级别的女神。

1. 批量化的“玛丽苏产品”

主角苏的代表

玛丽苏格格

有一个姑娘，她有一些叛逆，她还有一些疯狂。

平凡苏的代表

流星玛丽苏

贫寒女完美逆袭，高富帅环绕，坚强善良。

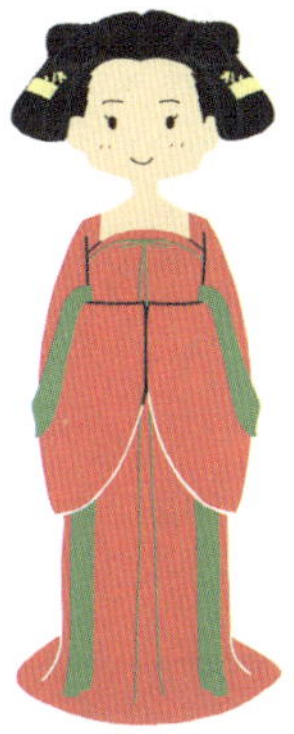

完美苏的代表

玛丽苏传奇

女皇帝，无往而不胜，美貌与智慧并重。

焦虑苏的代表

消失的玛丽苏

哈佛心理学高材生，控制欲强烈，腹黑。

“五十度苏”、“玛丽苏姑娘”、“玛丽苏之城”……

无论哪一款玛丽苏，都能唤起你的共鸣，令你产生不可思议的代入感。

2. Why？玛丽苏是全人类的共同需求

梦想太丰满，现实太骨感。现实往往阉割了更多的可能性，让人们感到挫败、沮丧，于是出现了替代性的满足。

“玛丽苏”替代你去达成愿望，完成你难以做到的事情。

在这种替代性满足的过程中：

你的情感得到宣泄；

被压抑的本我得到释放；

获得极大的快感。

Tips:

（1）弗洛伊德认为，潜意识中包含着被压抑的本我欲望，欲望得不到满足就会感到痛苦。

（2）本我是人格中最早，也是最原始的部分，是生物性冲动和欲望的贮存库，并遵循“快乐原则”行事。

3. 潜伏的“自恋”

玛丽苏的标配 = 自恋 + 光环效应

她们在“主角力”的作用下，人见人爱，花见花开，顺利 PK 掉一切障碍物。

Tips:

光环效应：一个人的某种品质，给人以非常好的印象。在这种印象的影响下，人们对这个人的其他品质，也会给予较高的评价。

在现实生活中，“玛丽苏”并不多见，但“自恋”的种子却潜伏在每一个人的心中。

早期，弗洛伊德认为，人首先将爱的力比多投向自己，之后再投向客体。如果投向客体的爱遭受挫折，就会折返回自我，形成临床上的病理性自恋。

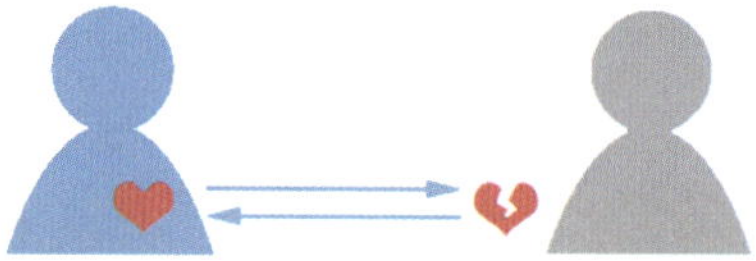

后来，自体心理学家科胡特指出，自恋其实就是力比多的本质，是一种借着胜任的经验而产生的真正的自我价值感。每个人本质上都是自恋的。

自恋可以分为显性自恋和隐性自恋。显性自恋者喜欢自我夸大的感觉，他们需要外界持续性的积极关注；隐性自恋者把关注的焦点指向自我并伴有自我紧张，他们往往感到自卑，对他人的评价敏感，容易陷入不安。

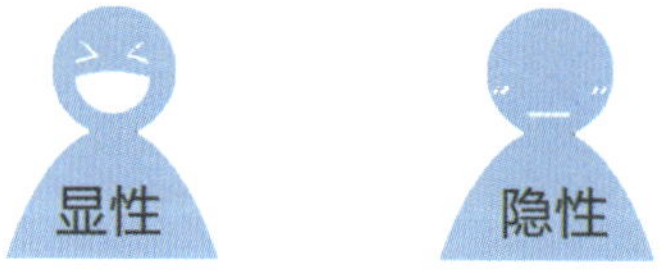

你怎么看待你曾经有过的失败?

那是俺的运气不好
(不是俺实力不够)。

你怎么看待小明的这次成功?

他走运而已。

基本归因错误(在评价他人时，把他人的行为归因到人格或态度等内在特质上，而忽略他们所处情境的重要性；当评价自身时，情况则相反)也表明，人们比自己想象中的要自恋得多。

结语

玛丽苏代表了一种自恋的情结，是人们在困惑无奈的现实中，向梦想发出的呼唤。

这种情结多少带有饮鸩止渴的意味。只有当一个人能够超越不成熟的自恋，发展出健康的自尊时，他方能承担更多的东西，向世界宣示自我真实的力量。

(文案：倪雅琪)

关于腐女的那些事儿

1 现在我们来谈谈腐女

腐女是“腐女子”的简称，是由同音的“妇女子（ふじょし FUJOSHI）”转化而来的，“腐”字在日文有无可救药的意思，而“腐女子”专门指称对于男男爱情（BL 系）作品情有独钟的女性，通常是喜欢此类作品的女性之间彼此自嘲的讲法。

2 大众对腐女的那些误解

腐女就是希望男人都搞基？

大部分腐女对现实中的男同性恋不感兴趣，她们关注的只是美男子间的感情。

注：大部分腐女对同性恋表示理解和支持，纯颜控的被称为伪腐，常常会对美型度不高的 gay 进行嘲讽。

腐女都是同性恋?

绝大部分的腐女都是……

3 腐女为何钟爱男男恋?

满足女性的审美需求

李银河认为，腐女看耽美作品，更多是从审美的角度欣赏男性角色，反映的更多是青春的冲动。

女卑 or 女权?

女卑说

厌女情结：

腐女把言情女主假想为争夺完美男主的竞争者，在耽美作品中，没有女主这一角色的设定消除了腐女们心中的竞争焦虑。

大男子主义

腐女表现了男权社会对女性身份的厌恶，这在某种程度上反映了女性的自卑心态。

女权说

对两性平等关系的深层需求：

传统异性恋

男性角色处于主导地位，而女性角色多处于弱势、从属的地位。

耽美作品中

爱情双方性别处在一个平等的地位，反映了女性诉求的理想平等关系，是一种自我意识的映射。

安全的性幻想

在东方家庭的教养文化背景下，性教育开放程度不高。

而在耽美作品里大量的性描写中，因为没有女性角色的代入感，女性能成功欺骗自我意识的“审查机制”，使自己处在一个相对安全的位置，满足了对性知识的探求，同时能避免感到羞耻和尴尬。

对纯粹爱情的追求

同性之爱会有更多的阻碍。

可以说是与现在流行词“繁殖恋”相反，越是困难的爱情越显得凄美，反映女性内心追求一种更为纯粹没有限制的爱情。

结语

每个存在的现象都有其合理性，我们也不必把腐女妖魔化。

说到底，其实腐女只是一个在二次元或幻想世界里获得愉♂悦的群体。除了她们能瞬间判断每一件事物的攻受属性之外，其实和你、和我都没有什么不同。说不定，此刻坐在你隔壁的女孩，正是一个腐女哦！^q^

（文案：曹雅妍）

“中二病”心理说明书

每个大人都做过小孩。

你还记得初中二年级时的那个土呆傻丑的你吗?

那时候你觉得自己的未来一定是闪闪发亮的，直到——你终于成长为乏味无聊的大人。

1. 成人的视角：你二！你有病！

中二病（又称初二症）最早是由日本的伊集院光在广播节目中提出的，用来形容青春期的少年过于叛逆、自以为是的独特言行。

中科院的一项全国性调查显示：

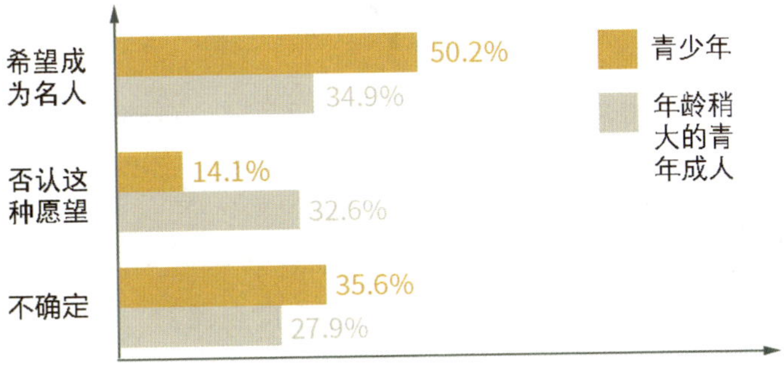

处于青春期的少年，狂热地强调个性，拥有膨胀的自信心与强烈的自我表现欲，几乎呈现出一种病态。

2. 心理学的视角：中二不是病！

一开始谈起“中二病”的时候，我是拒绝的，因为——

中二不是病！

中二是青春期正常的心理表征，符合青少年自我发展的一般特征。

（1）自我意识突然高涨

自我意识（指个体对自己身心活动的觉察，即自己对自己的认识）的发展有两个飞跃期。

1～3岁

儿童可以用代词“我”来标志自己。

11、12～14、15岁

青春期（初中时期）。

青春期的少年在个性上存在主观偏执

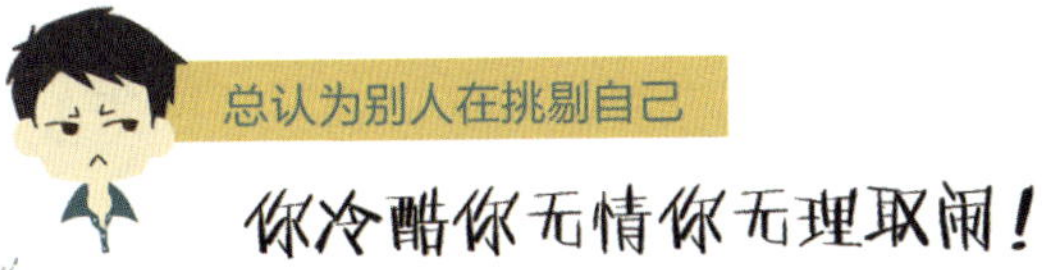

（2）出现逆反行为

生理因素：中枢神经系统的兴奋性过强

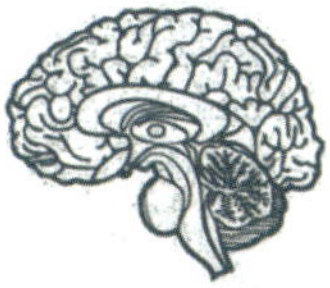

在青春期初始阶段，与性相关的中枢神经系统的活动明显增强，但性腺机能尚未成熟。

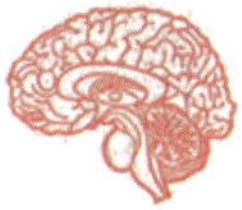

个体的中枢神经系统处于过分活跃的状态，对于周围的各种刺激都会过分敏感，反应强烈。

心理断乳期（12～18岁）：呼唤独立。

青春期的孩子恰巧在“心理断乳期”的裂缝中挣扎，他们渴望从父母的臂膀中走出，拥有自己的独立空间。

（3）出现“假想观众”

“假想观众”是青少年“生长爆发期”所特有的心理。

我，就是全宇宙的中心

他们认为所有人都在关注自己，对自己的行为和想法充满兴趣。

结语

谁不曾在中二的青春期，做过仗剑天涯的梦？哥白尼的“日心说”让我们知道地球不是宇宙的中心。中二期过后，我们也早已知道，自己不是那脚踏祥云的盖世英雄。

没关系啊，这就是成长。一起对年少的自己致谢吧！

谢谢你，曾经那样叛逆

（文案：倪雅琪）

你好，我是你们眼中的“死宅”

1 可怕的不是社交，是高焦虑

焦虑并不是一无是处的大坏蛋，
中度焦虑让我们有最佳的表现。

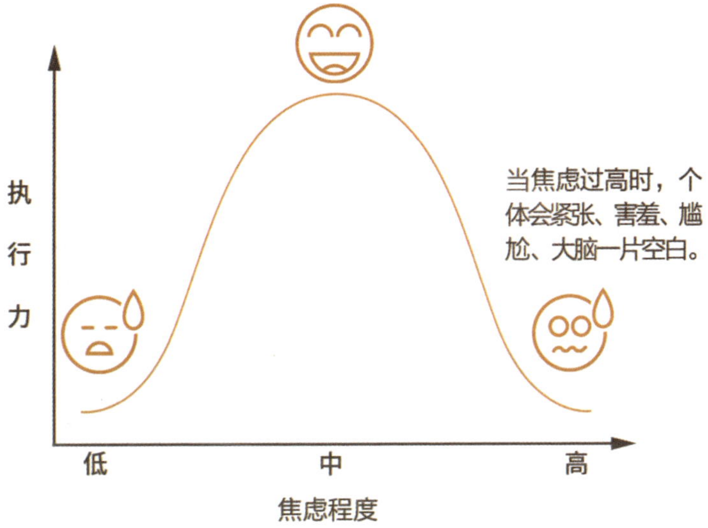

2 怕社交不等于内向，也不等于害羞

内向

害羞

内向与害羞有本质区别

（1）

内向者是我好累

内向者喜欢独自活动，从独处中获得能量，从社交中消耗能量。

害羞者是我好怕

害羞者是指应付不熟悉的人事环境有困难倾向的人。

内向者是有恃无恐 （2） 害羞者是一直骚动

内向者的大脑神经对社交反馈不强，觉得一个人待着挺好，当要求他们社交时，他们是烦恼的。

害羞者有社交的欲望，但担忧别人的负面评价或不好的结果，内心是纠结的。

内向者是知音三五个 （3） 害羞者是望月对影成三人

内向者有自己小小的朋友圈，相互之间能倾听、诉说、吐槽、玩乐。

害羞者难以建立亲密关系，即使面对熟人也会脸颊红扑扑。

害羞可以作为社交焦虑的初始化

社交恐怖对别人的焦虑感比害羞更持久、更强烈，严重影响工作和学习。

甚至会一时间心率加快、发抖、气短、眩晕、恶心。

诊断标准

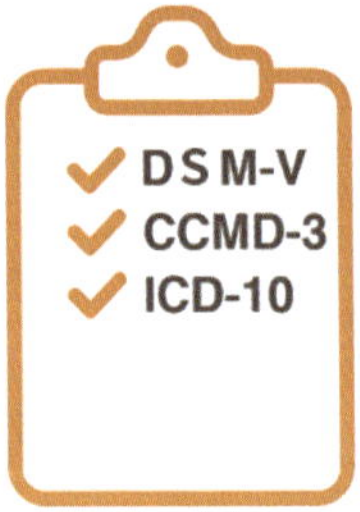

作为焦虑障碍的一种，社交恐怖需要符合 DSM-V、CCMD-3、ICD-10 的诊断标准。

3 世界这么大，怕社交圈圈到底有多大？

美国大约有 5% 的人遭遇过不同程度的社交恐怖。

美国

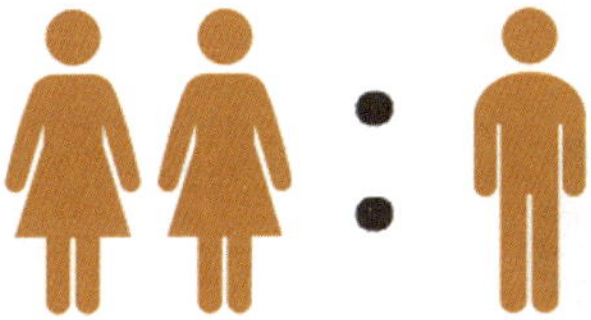

且女性比男性患上社交恐怖症的风险更大（2:1）。

我国情况

据辽宁省流行病学调查结果推测，我国社交恐怖症的患病率为 1.29%，同样女性高于男性。

中国

4 哪些社交圈圈最可怕？

5 怕社交是病？你才有病……

新近的研究表明，社交恐怖症不一定需要治疗。患社交恐怖症的人，表现出特殊的社交认知能力，更容易感知他人的情绪并受他人情绪的影响，能更准确地判断出他人的心理状态。

6 但是，如果你一定想治疗……

学习放松术。

学习一些必要社交技能。

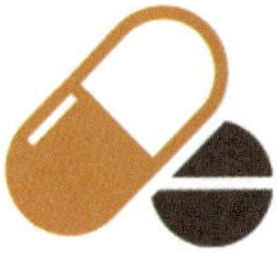

找医生开抗焦虑的药物。

满灌疗法：把你丢进人群里，以毒攻毒。

脱敏疗法：从你最愿意接近的人开始。

认知疗法：打断你的恶性循环思维回路。

结语

人是群体动物，似乎没有人能真正活成一座孤岛；人又是需要独处的动物，因为只有处理好与自己的关系，才能更好地与外界相处。

热爱死宅的你，是那朵内向安静的白莲花还是心有余而力不足的社交困难户？

如果你注定是艺术气质的观察者，不如小心保护那份敏感又天真的小心思，别强迫着社交而破坏了它。

（文案：张晓）

第5部分

有效的连接

用心理学改变生活

世界的模样，取决于你凝视它的目光。正确地运用心理学，我们终将迎来更好的生活。

你看到的外界，都是你内心的样子？

1 外面没有别人，只有你自己

投射是一种“以己度人”的心理倾向，指把自己的感情、意志、特性、态度等加到其他对象的身上，从而遮蔽了客体的真实面貌。

这种倾向通常是无意识的。

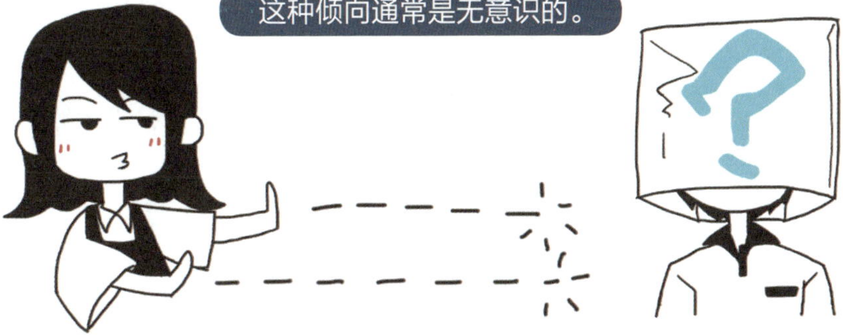

于是——
失恋“总”在下雨天，
你讨厌的人“恰巧”也很讨厌你。

2 不知不觉你就投射了

相同投射

老师眼中的选择题。

A 是错的　B 是错的　D 是错的

所以选 C 咯。很简单。

愿望投射

单身狗想要在光棍节前结束单身。

“隔壁家的漂亮女孩今天多看了我一眼，她是不是对我有意思啊？”

情感投射

夕阳武士不喜欢孙悟空，越看他越不顺眼。

“那个人好讨厌哦，看起来好像一条狗哦。”

3 嘘，不能“说”的秘密

很多时候，人们对自己的真实想法讳莫如深。

借助于一个中性的客体，却可以吐露真情。

这就是“投射”技术的强大运用。

比如：

（1）语词联想测验（语词）：

爱情 ——→ **脆弱**

女人 ——→ **诱惑**

（2）罗夏克墨迹测验（墨迹图）：

你由此联想到什么？

（3）主题统觉测验（图片）：

你觉得这里发生了什么故事？

（4）句子完成测验（未完成的句子）：

他对 ________ 感到困惑。

最令人沮丧的是 ________。

结语

很久很久以前，一位老人家告诫我们：

己所不欲，勿施于人

很久很久以后，心理学家告诫我们进行每日三省：

吃了吗？爱了吗？投射了吗？

这种自省是一种警觉。世界那样荒诞，你怎么知道自己是不是生活在“楚门的世界”之中？倘若知道的话，你又是否有勇气撕开现实的伪装，放下对他人的投射，来一次次彻彻底底的摊牌？

来吧，写下你认为自己最为荒诞的一次“投射”！
Dare or not？

（文案：倪雅琪）

白日梦还是要有的，万一实现了呢？

1. 不是在做梦，就是在做白日梦

白日梦是意识的自发漂移状态，通常表现为漫无边际的遐想。

每隔 90 分钟，白日梦便在人的脑海里翻腾一次。

人们在清醒之际，至多有 1/2 的时间在做白日梦。

白日梦出现的高峰期是 12:00—14:00，这段时间内人的体温最高。

2. 让白日梦飞一会儿

白日梦出现的频率可能受到下列因素的影响：

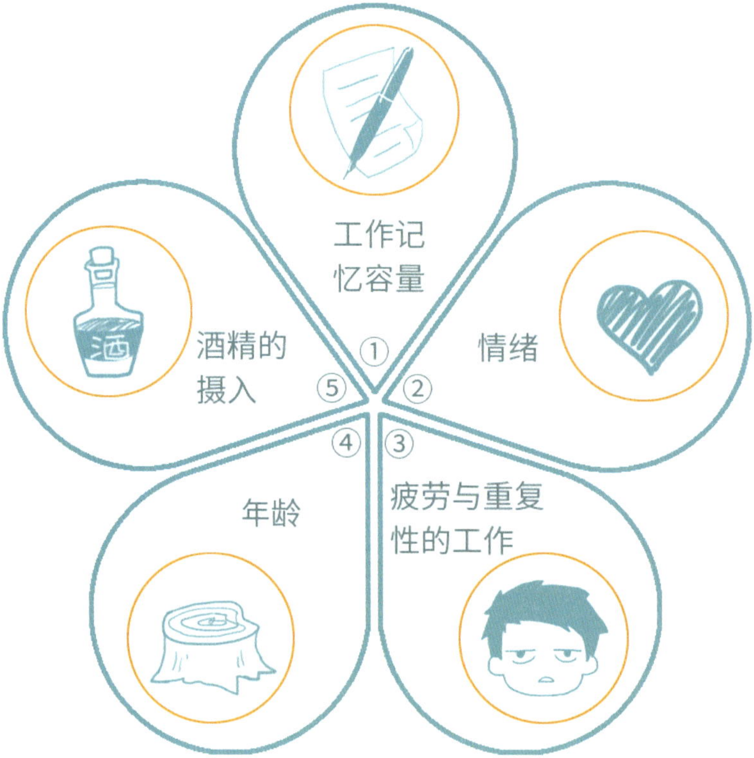

过多的白日梦是对现实生活的逃避，而将白日梦的频率控制在一定范围内，则有可能诱发顿悟及创意性的思考。

3. 从白日梦到白日梦想家

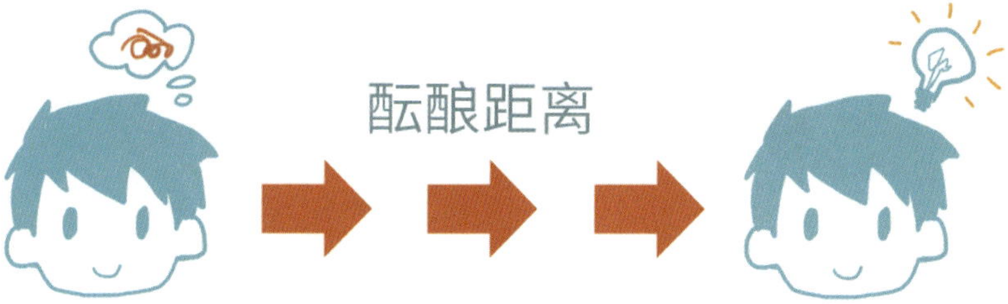

从白日梦到白日梦想家，相差一个“酝酿效应”的距离。

对非专注状态下的脑部扫描结果显示：

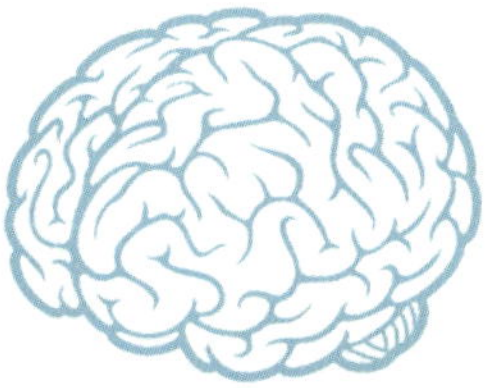

白日梦活动涉及大脑中的“默认神经网络”，其功能之一是对记忆进行搜索和整理，将错乱的板块拼接成完整的地图。

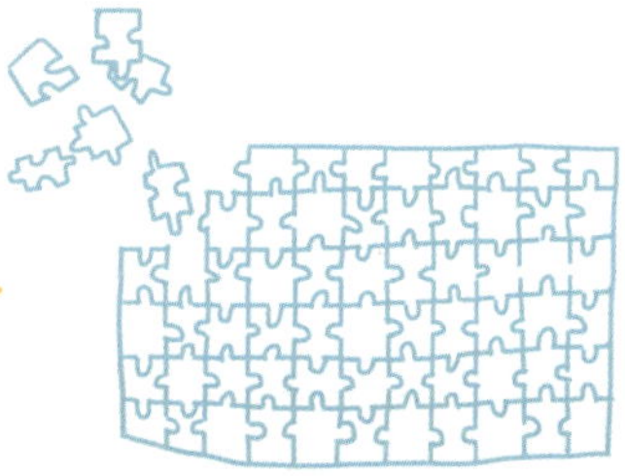

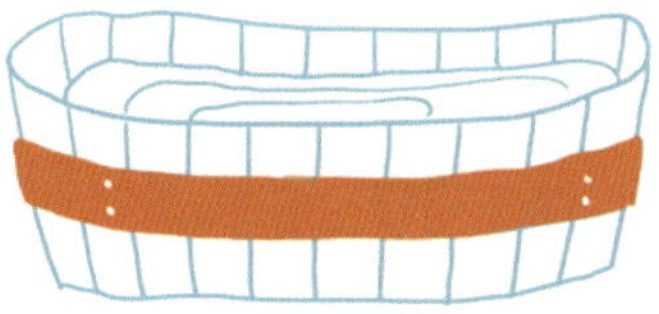

阿基米德在舒适的大澡盆里发现了浮力定律。

牛顿在花园里散步，从一颗掉落的

苹果上发现了万有引力定律……

思维定势与功能固着等心理

因素会阻碍问题的解决。

白日梦恰巧可以成为一个

解决干扰的契机。

人们从复杂的事务中抽离出来，暂时停止对问题的积极探索，反而会对问题解决起到关键性作用。这就是酝酿效应。

结语

在这个迷人又荒谬的时代里，忙碌是忙碌者的墓志铭，偷闲是偷闲者的通行证。

当忙碌几乎成为一种人人皆有的“强迫症”时，不妨让思维偶尔出来遛个弯儿、打个盹儿，就像是繁复画面里的一处留白。

“春有百花秋有月，夏有凉风冬有雪。若无闲事挂心头，便是人间好时节。”

（文案：倪雅琪）

你了解自己的沟通模式吗？

1. 萨提亚的沟通模式

维吉尼亚·萨提亚，

家庭治疗的重要创始人之一。

她指出：人群当中，无论人们的真实想法及感受是怎样的，总会出现以下 5 种沟通模式。

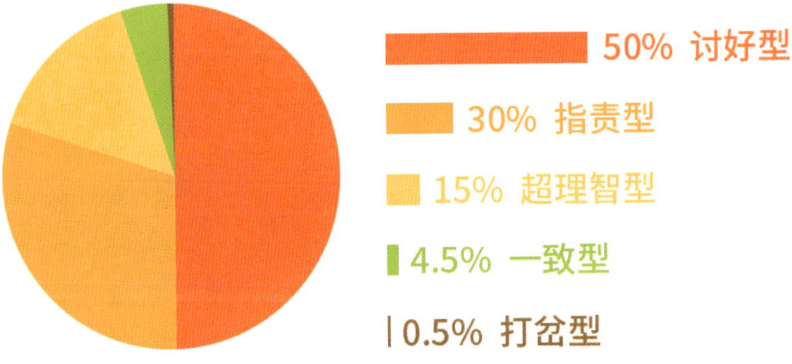

比如："你喜欢我今天的装扮吗？"

讨好型

"喜欢啊，喜欢啊。"

习惯性点赞。

一致型

"我觉得啊……"

如实地表达自我的感受。

指责型

"你今天的装扮是什么鬼！"

习惯性否定。

打岔型

"唔，今天的天气不错啊……"

表现得若无其事，淡定得不要不要的。

超理智型

"根据国际潮流学的数据分析报告，你今天的装扮在XX维度上……"

既不点赞，也不否定，他们不会给出关于自我真实感受的任何线索。

2. 掩饰、压抑或扭曲

萨提亚将这种互动模式称为沟通姿态，即个体在压力状态或分歧状态下，面对他人、情境及自身所做出的习惯性的反应。

以下 4 种沟通姿态都在掩饰、压抑或扭曲自我的情感，不愿袒露感受，而是用一些方式去遮掩它。

（1）讨好型的人忽略自身

内在恐惧 “没有人喜欢我，我是没有价值的人。”

应对方式 “如果我唤起你的内疚，你可能会宽恕我。”

（2）指责型的人忽略他人

内在恐惧　“我很孤单且失败。”

应对方式　“如果我让你忧虑，你可能会听从我。”

（3）超理智型的人忽略他人及自身

内在恐惧　“我容易受到伤害和攻击，我不能露出任何感觉。”

应对方式　“如果我使你嫉妒，你可能会支持我。”

（4）打岔型的人忽略他人、情境及自身

内在恐惧　“没有人在乎或关心我。”

应对方式　“如果我让你想开玩笑，你可能会容忍我。”

3. 一致型沟通

上述不一致型的沟通姿态本身并无对错，但若固着在某种模式里，就会损害到与他人建立情感联结的能力。

一致型的沟通意味着承认自己所有的感受，如实地表达出来，且兼顾到他人与情境。

这包括 3 个层次：

接纳感受　　深入觉察　　身心合一

我们不一定每时每刻都做出一致型的反应，但可以有意识地选择五种沟通姿态，允许自己从自动化模式切入到自由有选择的状态里。

结语

世界因参差多态而美。不同的表达方式背后，呈现出的是不同的、个性化的“人”。

你必定会感到孤独，因为他人与你想象的不同。但这种种不同却能牵引你走出自我的世界，去嗅陌生小径上的一缕花香、舀取陌生河流里的一道水纹。这正是孤独所创造出的东西，也是“人”字一撇一捺的意义。

（文案：倪雅琪）

来，一起干掉失眠！

我又失眠了，感觉非常糟糕，

我该怎么办?

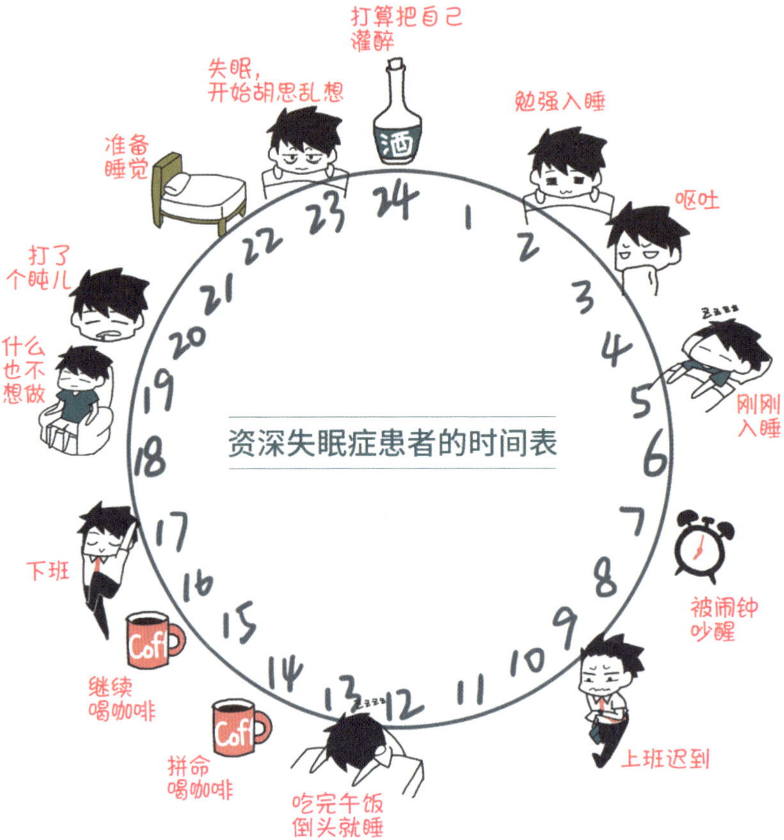

1

一个人失眠，全世界失眠

你不是一个人在失眠！

研究发现：

平均**每三个人**就有**一个人**受到失眠的困扰

失眠随着**年龄的增长**有增加的趋势

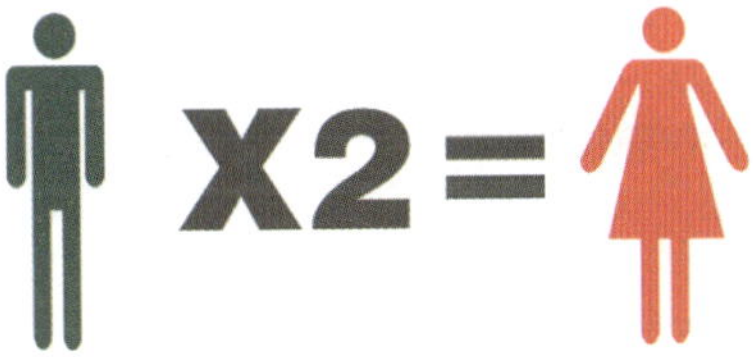

女性失眠的风险是男性的2倍

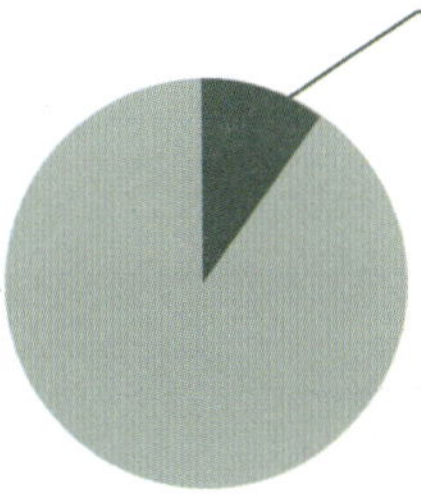

10%的人患有临床失眠症

半小时以上才能入睡

每周总有几晚睡眠不给力

一个月了，还是失眠失眠失眠

白天的生活也受到污染

②

来，一起干掉失眠！

（1）改善睡眠环境，提高用户体验。

舒适的床、柔和的光线、隔离噪声的环境……

好的产品性能才能提高用户体验啊！

（2）变身运动小达人。

白天适当的运动会消耗体力，使身体感到疲倦，从而更快入睡。但是，不要在睡前剧烈运动，那样只会让你感觉更清醒。

（3）将酒精、咖啡因、尼古丁拒之门外。

酒精可能会让入睡显得“轻松”，但也会干扰到睡眠的自然周期。咖啡因和尼古丁都有兴奋作用。

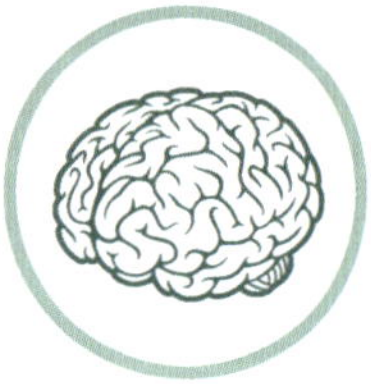

（4）让脑放空。

洗个热水澡，听一会儿轻音乐。

或者做一些放松训练和想象训练，让自己平静下来。

（5）让床变成巴甫洛夫的铃铛。

How?

a  累了，才扑倒在床上。

b  床就是床，专业睡觉五十年，不陪吃不陪喝不陪玩。

c  翻来覆去睡不着时，请滚下床，去做点别的。

总之，要想方设法地在床和睡觉之间建立起简单直接的联结。

（6）忍住悲伤，规律作息！

无论多么艰难，都不要赖床，每天早晨同一时间起床。

白天也不要贪睡，尽量规律地作息。

结语

失眠，就是一次次被周公放鸽子，还要待他如初恋。

别问傻不傻，有梦自酣醉。

去爱吧，像不曾失眠过一样。

跳舞吧，像不曾失眠过一样。

既然选择了周公，便只顾风雨兼程。

（文案：倪雅琪）

人只有认识到死，才会真正地活

1 你永远在和时间赛跑

假设你的一生享有 **70 年**的寿命……

每天睡觉 8 小时，一生消耗 23 年零 4 个月；

每天吃饭 2 小时，一生消耗 5 年零 10 个月；

每天用于个人卫生 2 小时，一生消耗 5 年零 10 个月；

每天用于交通和购物 4 小时，一生消耗 11 年零 8 个月；

每天用于互联网资讯 3 个小时，一生消耗 8 年零 9 个月；

每年用于身体护理 12 天，一生消耗 2 年零 3 个月；

每年因情绪低落而浪费 10 天，一生消耗 1 年零 10 个月……

【每个方格代表1年，一共70个方格】

你一生剩下的有效时间，只有**10年零6个月**……

如果你知道自己下个星期或者下个月就要死去，你将会做些什么？你的生活将会有何不同？

2 不被正视的“死亡”

在电影《遗愿清单》里，老卡特曾提到一个调查：

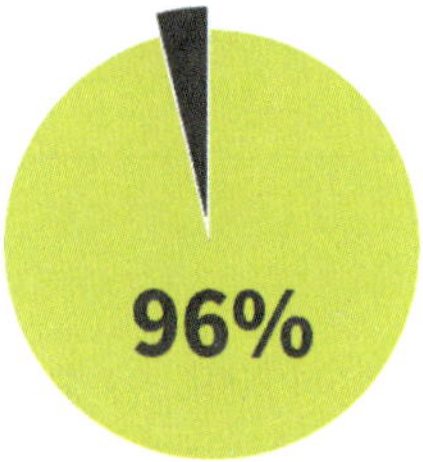

1000 个人被问及，如果有可能的话，他们想不想知道自己的确切死亡时间。

96% 的人选择了 **“不想”**。

人们在死亡焦虑的阴影下生活，以不同的方式逃避着死亡。

（1）恐惧管理理论

为了保护自己免受死亡焦虑的影响，人们创立了文化世界观，相信自己是这个有意义的世界中有价值的一员。

（2）存在主义心理学理论

贝克尔认为，人们设法成为英雄，他们相信一旦获得英雄地位，死亡条例将不再对他们起作用。

3 当死亡来敲门

凡人皆有一死
Valar Morghulis

5

死亡研究的开创者库布勒·罗斯认为，人们在面临死亡时通常会经历以下5个阶段：

（1）

否认阶段

“不，不是我！”

（2）

愤怒阶段

“为什么是我？”

(3) 

讨价还价阶段

“如果再给我一次机会，
我一定好好来过。”

(4) 

沮丧阶段

“好吧，是我。一切
并没有什么卵用。”

(5) 

接受阶段

“是，是我，我已
经准备好了。”

4 未知死，焉知生？

真正令人恐惧的

不是死亡这
个事实本身

而是人们对于死亡
的想象和看法

对死亡的抽象认知产生死亡焦虑，
爆发出一系列外部防御反应。

恐惧

自我保护

外在价值导向

对死亡的具体认知产生死亡反省，
引发一系列内在成长反应。

接受

亲社会行为

内在价值导向

结语

死亡是对生命的提醒。多少人在用惘然和浑噩书写着自己的墓志铭，生命本不该被如此虚掷。

洗净被污的眼，松开被缚的心，让我们庆祝自己仍然活着。而在活着之上，让我们拓展生命的深度，有勇气去过自己真正想要的生活。

“如果生命能够重来……”

你知道，生命永远不会重来。

如果明天就是你生命中的最后一天，你会去做些什么？

（文案：倪雅琪）

乐观者说“勿弃疗”，悲观者说“然并卵”

①

从一只悲观绝望的狗说起

习得性无助

美国心理学家塞利格曼 1967 年做了一个实验。

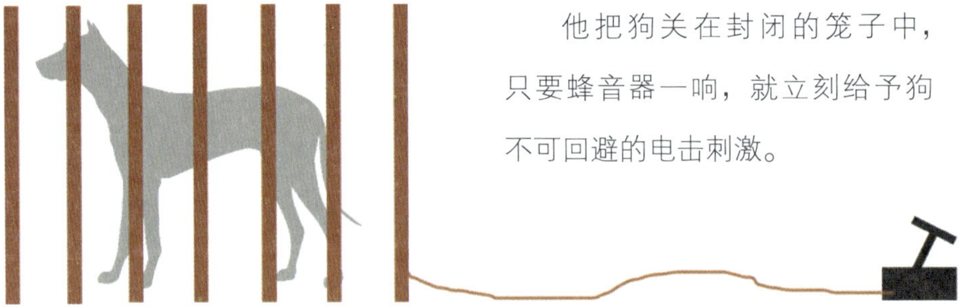

他把狗关在封闭的笼子中，只要蜂音器一响，就立刻给予狗不可回避的电击刺激。

起初，狗拼命挣扎

反复多次之后，他把笼门打开，按响蜂音器……

不等电击开始，这只悲观绝望的狗就倒在地上呻吟、颤抖。

这就是“习得性无助”。

② 剧情逆转

塞利格曼认为，“习得性无助”由三个相互连接的方面组成：不可控的环境、伴随性认知、放弃反应。

狗在最初不可抗的电击过程中，变得无助、被动和迟钝。它放弃了挣扎，可能是因为它相信在自己的行动和结果之间没有相关性。

那么，问题来了

既然压抑、退缩等消极品质可以通过学习获得，那么乐观、上进等积极品质为什么不能够通过学习获得呢？

③

从习得性无助到习得性乐观

塞利格曼在习得性无助研究的基础上，

提出 **“解释风格”** 理论。

解释风格是个体对生活中的积极和消极事件进行归因时所表现出来的一种习惯性方式。

对于成功……

对于失败……

将成功归因为
自身的、
持久的因素

乐观者

将失败归因为
暂时的、
特定的因素

将成功归因为
暂时的、
特定的因素

悲观者

将失败归因为
自身的、
持久的因素

无论是乐观还是悲观，都可以在后天被“习得”。

④

重新审视乐观与悲观

乐观与悲观都是种子，都能生长出枝叶

我发明飞机。

我发明降落伞。

我看见玫瑰花。

我看见玫瑰的刺。

喜欢就放肆。

爱就是克制。

如果说乐观是一种

拓展性策略

我直视骄阳。

我拥抱黑暗。

我青睐人本主义。

我偏好精神分析。

我相信“人有自我实现的动机”。

我相信“童年阴影毁一生”。

那么悲观就是一种

防御性策略

稳固而灵活的自我拥有相对稳定的解释风格，但也能够根据环境的变化，在“乐观”与“悲观”之间自如切换。

无论乐观还是悲观，都可以成为一种适应性的选择。

结语

请看下面的对话：

小 A：我们都生活在阴沟里。

小 B：但还是有人在仰望星空。

小 A：我们无法抹煞童年阴影对一个人的影响。

小 B：但我们每时每刻都拥有新的选择权。

那么，你有没有被这碗“心灵鸡汤”所感动?

（文案：倪雅琪）

6 个简单的姿势 点燃你的小宇宙

心理学家埃克曼（Ekman）曾发现表情对心情的逆作用。其实，不仅仅是表情，还有各种日常生活中你可能忽略的姿势，也会对心情产生逆作用。

1. 站得嚣张跋扈，可以恢复你的精力

研究发现,舒展身体，打开手臂，展开大腿，站上1分钟，能让自己恢复血槽值。

2. 绷紧肌肉，可以增强你的意志力

研究发现，当我们紧绷肌肉的时候……

我们能更好地抵御疼痛，分散注意力

甚至是抵挡美食的诱惑

3. 双手抱臂，可以提高你的耐力

如果我们被一个问题卡住，需要耐力，这时不如做出双手抱臂的姿态。

U	O	A	R	O	N	G	A	R	E
C	O	P	J	A	J	H	C	I	A
O	D	U	W	G	H	Z	F	I	O
U	H	S	M	V	U	Q	P	T	A
P	B	V	H	F	D	E	A	T	U
L	Z	A	W	E	G	I	O	K	J
H	E	U	W	H	E	B	U	Q	D
A	E	Y	I	O	C	P	D	S	O
A	P	P	L	E	D	J	S	O	E
I	O	S	H	I	R	L	E	S	S

*乱编的游戏，别认真玩起来哟

心理学家费里德曼（Friedman）的研究发现，处于这个姿势的小伙伴，坚持玩字谜游戏的时长，是一般人的两倍，而且，他们的正确率也更高。

4. 躺下来，可以激活你的顿悟

顿悟，是苦思一个问题良久，突然找到解决方法的时刻，也就是“啊哈”的体验。

当我们冥思苦想一个问题却总找不到灵感时，不如躺下来放松一下，这样也许能让我们更快找到解决方案。

真的不会睡着嘛?

5. 打个小盹儿，可以提高你的学习效率

打盹儿，时长很重要，太长太短都不好。

研究发现，打盹儿 10 分钟最有效，在提高我们的认知作业水平、活力以及觉醒状态上有立竿见影的效果。

6. 模仿别人的样子，可以提高我们的同理心

别人的样子：他的口音、姿态、表情等等。研究表明，如果这么做，你往往能体察到对方的情绪。嗯，演员通常都是这么做的！

结语

大脑就像是一颗土豆，只对信息进行加工，它不知道信息来自哪儿，也不想知道。所以，使用身体反馈，给它一点虚假的信息，点燃你的小宇宙吧！

（文案：张晓）

参考文献

图书

Coon D. 心理学导论 : 思想与行为的认识之路 . 北京：中国轻工业出版社 , 2004.

Schacter D L, Gilbert D T, Wegner D M. Introducing psychology. London: Macmillan, 2009.

Weiten W. Psychology: Themes and Variations. New York: Cengage Learning, 2007.

阿米尔 · 莱文 , 雷切尔 · 海勒 . 读懂恋人心 : 如何在未知中相爱 , 在懂得后相守 . 广州 : 广东人民出版社 , 2012.

布莱克曼 . 心灵的面具 : 101 种心理防御 . 上海 : 华东师范大学出版社 , 2011.

戴维 · 迈尔斯 . 社会心理学 (第 8 版). 北京 : 人民邮电出版社 , 2006.

丹尼尔 · 弗里曼 . 家庭心理自助手册 . 北京：中国人民大学出版社 , 2012.

季建林 . 医学心理学 (第 4 版). 上海 : 复旦大学出版社 , 2005.

卡伦 · 霍妮 . 我们时代的神经症人格 . 贵阳 : 贵州人民出版社 , 1988.

林崇德 . 发展心理学 . 北京 : 人民教育出版社 , 2009.

罗杰 · 霍克 . 改变心理学的 40 项研究 . 北京 : 人民邮电出版社 , 2010.

罗兰 · 米勒 , 丹尼尔 · 珀尔曼 . 亲密关系 (第 5 版). 北京 : 人民邮电出版社 , 2011.

美国精神医学学会 . 精神障碍诊断与统计手册 (第 5 版). 北京 : 北京大学出版社 , 2014.

帕梅拉 · 迈耶 . 别对我说谎 : 练就一双精确识人眼 . 北京 : 中信出版社 , 2012.

彭聃龄 . 普通心理学 . 北京 : 北京师范大学出版社 , 2001.

钱铭怡 . 变态心理学 . 北京：北京大学出版社 , 2006.

托克尔 · 克林贝里 . 超负荷的大脑 . 上海 : 上海科技教育出版社，2011.

维吉尼亚 · 萨提亚 . 新家庭如何塑造人 . 北京 : 世界图书出版公司，2006.

中国就业培训技术指导中心 , 中国心理卫生协会 . 国家职业资格培训教程：心理咨询师 (二级). 北京 : 民族出版社，2012.

文章

Aron L, Starr K E. “Was it good for you?” : Reply to commentaries. Psychoanalytic Dialogues, 2011 (4): 409-413.

Ashley K B. The science on sexual orientation: A review of the recent literature. Journal of Gay & Lesbian Mental Health,

2013 (2): 175-182.

Bogaert A F, Skorska M. Sexual orientation, fraternal birth order, and the maternal immune hypothesis: A review. Frontiers in Neuroendocrinology, 2011 (2): 247-254.

Bongers P, Jansen A, Havermans R, Roefs A, Nederkoorn C. Happy eating: The underestimated role of overeating in a positive mood. Appetite, 2013: 74-80.

Broadhurst P L. Emotionality and the Yerkes-Dodson law. Journal of Experimental Psychology, 1957 (5): 345.

Butler J L, Baumeister R F. The trouble with friendly faces: Skilled performance with a supportive audience. Journal of Personality and Social Psychology, 1998 (5): 1213.

Ehrenberg H M, Mercer B M, Catalano P M. The influence of obesity and diabetes on the prevalence of macrosomia. American Journal of Obstetrics and Gynecology, 2004 (3): 964-968.

Fisher T D, Moore Z T, Pittenger M-J. Sex on the brain?: An examination of frequency of sexual cognitions as a function of gender, erotophilia, and social desirability. Journal of Sex Research, 2012 (1): 69-77.

Floyd F J, Stein T S. Sexual orientation identity formation among gay, lesbian, and bisexual youths: Multiple patterns of milestone experiences. Journal of Research on Adolescence, 2002 (2): 167-191.

Francken A, Van de Wiel H, Van Driel M, Schultz W W. What importance do women attribute to the size of the penis?. European Urology, 2002 (5): 426-431.

Friedman R, Elliot A J. The effect of arm crossing on persistence and performance. European Journal of Social Psychology, 2008 (3): 449-461.

Gates G J, Newport F. Special report: 3.4% of US adults identify as LGBT. Gallup, 2012.

Gates G J. How many people are lesbian, gay, bisexual and transgender?,Williams Institute, 2011.

Haldeman D. Guidelines for psychological practice with lesbian, gay, and bisexual clients, American Psychologist, 2012, 67(1):10-42.

Hendy H M. Which comes first in food–mood relationships, foods or moods?. Appetite, 2012 (2): 771-775.

Hite S. The Hite report: A nationwide study of female sexuality. Seven Stories Press, 2004.

Huang L, Galinsky A D, Gruenfeld D H, Guillory L E. Powerful postures versus powerful roles which is the proximate correlate of thought and behavior?. Psychological Science, 2011, 22(1):95-102.

Hung I W, Labroo A A. From firm muscles to firm willpower: Understanding the role of embodied cognition in self-regulation. Journal of Consumer Research, 2011 (6): 1046-1064.

Levine L J. The anatomy of disappointment: A naturalistic test of appraisal models of sadness, anger, and hope. Cognition & Emotion, 1996 (4): 337-360.

Lickel B, Hamilton D L, Sherman S J. Elements of a lay theory of groups: Types of groups, relational styles, and the perception of group entitativity. Personality and Social Psychology Review, 2001 (2): 129-140.

Lipnicki D M, Byrne D G. Thinking on your back: Solving anagrams faster when supine than when standing. Cognitive Brain Research, 2005 (3): 719-722.

Macht M. Characteristics of eating in anger, fear, sadness and joy.Appetite, 1999 (1): 129-139.

Macht M. How emotions affect eating: A five-way model. Appetite, 2008 (1): 1-11.

Mehrabian A. Pleasure-arousal-dominance: A general framework for describing and measuring individual differences in temperament. Current Psychology, 1996 (4): 261-292.

Perrin A J, Cohen P N, Caren N. Are children of parents who had same-sex relationships disadvantaged? A scientific evaluation of the no-differences hypothesis. Journal of Gay & Lesbian Mental Health, 2013 (3): 327-336.

Pinel J P, Assanand S, Lehman D R. Hunger, eating, and ill health. American Psychologist, 2000 (10): 1105.

Ribeiro-do-Valle L. Serotonergic neurons in the caudal raphe nuclei discharge in association with activity of masticatory muscles. Brazilian Journal of Medical and Biological Research, 1997: 79-83.

Schimmack U, Reisenzein R. Cognitive processes involved in similarity judgments of emotions. Journal of Personality and Social Psychology, 1997 (4): 645-661.

Schwartz M W, Woods S C, Porte D, Seeley R J, Baskin D G. Central nervous system control of food intake. Nature, 2000 (6778): 661-671.

Shelp S G. Gaydar: Journal of Homosexuality, 2003 (1): 1-14.

Skov H, Brooks S B, Goodsite M E, Lindberg S E, Meyers T P, Landis M S, Larsen M R, Jensen B, McConville G, Christensen J. Fluxes of reactive gaseous mercury measured with a newly developed method using relaxed eddy accumulation. Atmospheric Environment, 2006 (28): 5452-5463.

Smit P J, Brady M, Carter M, Fernandes R, Lamore L, Meulbroek M, Ohayon M, Platteau T, Rehberg P, Rockstroh J K. HIV-related stigma within communities of gay men: A literature review. AIDS Care, 2012 (4): 405-412.

Stenchever M, McDivitt R, Fisher J. Leiomyoma of the clitoris. The Journal of Reproductive Medicine, 1973 (2): 75.

Steyn R. Astrological planetary alignment and personality differences: Saving us from ignorance. International Journal of Science in Society, 2013, 4 (1): 117-122.

Van Dijk W, Zeelenberg M. Investigating the Appraisal Patterns of Regret and Disappointment. Motivation and Emotion, 2002 (4): 321-331.

Van Kleef G A, Homan A C, Finkenauer C, Gündemir S, Stamkou E. Breaking the rules to rise to power how Norm Violators gain power in the eyes of others. Social Psychological and Personality Science, 2011 (5): 500-507.

Van Rooij J J. Self-concept in terms of astrological sun-sign traits. Psychological Reports, 1999 (2): 541-546.
Vangelisti A, Caughlin J, Timmerman L. Criteria for revealing family secrets. Communication Monographs, 2001 (1): 1-27.
曹素玲 . 大学生解释风格、人际关系与主观幸福感之关系研究 . 硕士学位论文 . 南京 : 南京师范大学 , 2011.
程凯 , 曹贵康 . 走神的理论假设、影响因素及其神经机制 . 心理科学进展 . 2014, 22(9): 1437-1439.
侯秋霞 , 萧凯欣 . "腐女" 性别角色及自我和谐状态研究 . 2013, 34(1): 153.
李方合 . 白日梦对人有益 . 科学养生 , 1995, 5: 20.
李娜 . 单亲、完整家庭父母教养方式与青少年情绪适应的关系研究 . 硕士学位论文 . 太原 : 山西大学 , 2010.
理查德 · 菲歇 , 柳若明 . 白日梦与创造力 . 大自然探索 . 2013, 3: 56-57.
刘宾 , 欧阳文珍 . 农村留守儿童主观幸福感现状调查报告 . 陇东学院学报 , 2010，(3): 119-120.
刘运合 , 杨伊生 . 心理防御机制的研究综述 . 内蒙古师范大学学报 (哲学社会科学版), 2008, 37(1): 88-89.
欧阳玉晶 . "剩女" 的人格特质与工作满意度的相关研究 . 硕士学位论文 . 长沙 : 湖南师范大学 ,2011.
潘辰 . 儿童心理虐待量表修订及流行病学调查 . 博士学位论文 . 长沙 : 中南大学 , 2010.
片成男 , 山本登志哉 . 儿童自闭症的历史、现状及其相关研究 . 心理发展与教育 , 1999,1: 49-51.
瞿佳昌 , 邹成锡 . 论投射效应对人际关系的影响 . 运动与健康 , 2011, 33: 181.
史宇 . "公主病" 是什么病 . 生活与健康 , 2010, 8: 40-41.
宋佳 , 王名扬 . 网络上耽美亚文化盛行的心理学思考 . 黑河学刊 , 2011, 196(8): 22-24.
王丽圆 . 亚文化之 "腐女" 大众化的探讨 . 华章 , 2014, 9:362.
王雨晴 , 姚鹏飞 , 周国梅 . 面孔吸引力 , 人格标签对于男女择偶偏好的影响 . 心理学报 , 2015, 1: 108-118.
韦庆旺 , 周雪梅 , 俞国良 . 死亡心理 : 外部防御还是内在成长 . 心理科学进展 . 2015, 23(2): 338.
徐光兴 . 自闭症的性别差异及其与认知神经功能障碍的关系 . 心理科学 , 2007, 30(2): 425.
杨丽珠 , 董光恒 . 父亲缺失对儿童心理发展的影响 . 心理科学进展 , 2005, 13(3): 260-264.
张玉春 . 性福 , 离女人多远 . 科学养生 , 2010, 5: 40-41.
郑丹丹 , 吴迪 . 耽美现象背后的女性诉求——对耽美作品及同人女的考察 . 浙江学刊 , 2009, 6:214-219.

网站

https://zh.wikipedia.org/wiki/%E8%85%90%E5%A5%B3.
http://en.wikipedia.org/wiki/Demographics_of_sexual_orientation.
http://open.163.com/movie/2010/9/H/J/M77TJ4TC9_M9BTM2LHJ.html.
http://www.199it.com/.

图书在版编目（CIP）数据

一分钟心理学 / 壹心理著. — 北京：中国人民大学出版社，2016.1
ISBN 978-7-300-22216-5

Ⅰ. ①一…　Ⅱ. ①壹…　Ⅲ. ①心理学-通俗读物　Ⅳ. ①B84-49

中国版本图书馆CIP数据核字(2015)第281528号

一分钟心理学
壹心理　著
Yi Fenzhong Xinlixue

出版发行	中国人民大学出版社		
社　　址	北京中关村大街31号	**邮政编码**	100080
电　　话	010-62511242（总编室）		010-62511770（质管部）
	010-82501766（邮购部）		010-62514148（门市部）
	010-62515195（发行公司）		010-62515275（盗版举报）
网　　址	http://www.crup.com.cn		
经　　销	新华书店		
印　　刷	北京尚唐印刷包装有限公司		
规　　格	195mm × 195mm　24开本	**版　　次**	2016年1月第1版
印　　张	11.5	**印　　次**	2022年9月第5次印刷
字　　数	51 000	**定　　价**	59.80元